建模技术

案例11 书桌 　　页码：20

案例12 角柜 　　页码：22

案例14 小方凳 　　页码：27

案例15 茶几 　　页码：29

案例16 烛台 　　页码：32

案例17 圆凳 　　页码：34

案例19 挤出：装饰柱 　页码：40

案例20 车削：水杯 　页码：42

案例21 放样：窗帘 　页码：45

案例22 弯曲：水龙头 页码：48

案例23 扭曲：花瓶 　页码：50

案例24 噪波：游泳池 页码：52

案例25 晶格：防护窗 页码：54

案例26 FFD：枕头 　页码：56

案例27 布尔：垃圾桶 页码：58

案例29 多边形建模：显示器 页码：70

案例30 多边形建模：餐叉 页码：74

案例31 组合沙发 　页码：80

案例32 双人床 　　页码：84

案例33 衣柜 　　页码：88

案例34 电视柜 　　页码：91

案例35 浴缸 　　页码：96

案例36 单扇门 　　页码：100

案例37 中式茶几 　页码：104

材质制作

案例40　VRayMtl：清玻璃　　　页码：112

案例41　VRay灯光：显示屏　　　页码：116

案例42　混合材质：夹丝玻璃　　　页码：118

案例43　位图贴图：地板　　　页码：120

案例45　噪波：绒布　　　页码：123

案例46　多维/子对象材质：地砖拼花　页码：125

案例47　磨砂玻璃　　　页码：130

案例48　玻璃砖　　　页码：131

案例49　水晶　　　页码：132

案例50　丝绸　　　页码：134

案例52　拉丝不锈钢　　　页码：137

案例53　生铁　　　页码：138

案例54　陶瓷　　　页码：139

案例55　白漆　　　页码：140

案例56　皮革　　　页码：141

摄影构图

案例57 摄影机基础：室内摄影机　　　页码：144

案例58 目标摄影机：景深效果　　　页码：147

案例59 VRay物理摄影机：景深效果　　　页码：150

案例60 测试VRay物理摄影机　　　　　　　　　　　　　　页码：163

灯光布置

案例61 目标灯光：筒灯　　　页码：156

案例62 VRay灯光：台灯　　　页码：159

案例63 VRay太阳：太阳光　　　页码：162

案例64 半封闭空间的灯光　　　页码：165

案例65 全封闭空间的灯光　　　页码：167

案例66 夜晚环境的灯光　　　页码：169

渲染效果

案例68 设置最终渲染参数　　　页码：182

案例69 中式风格客厅表现　　　页码：184

案例70 欧式风格卧室表现　　　页码：192

渲染效果

案例71 现代风格客厅表现   页码：200

案例72 工装办公室效果表现   页码：208

后期处理

案例74 调整效果图亮度   页码：219

案例75 统一效果图色彩   页码：222

案例76 调整效果图层次感   页码：225

案例77 调整效果图清晰度   页码：228

案例78 添加体积光   页码：230

案例79 添加外景   页码：233

案例80 中午客厅后期处理   页码：235

中文版 **3ds Max/VRay**
效果图制作
案例教程

微课版

互联网＋数字艺术教育研究院 编著

人民邮电出版社

北 京

图书在版编目（ＣＩＰ）数据

中文版3ds Max/VRay效果图制作案例教程：微课版 /
互联网+数字艺术教育研究院编著. -- 北京 ：人民邮电
出版社，2016.11
　ISBN 978-7-115-43683-2

　Ⅰ．①中… Ⅱ．①互… Ⅲ．①三维动画软件－教材
Ⅳ．①TP391.414

中国版本图书馆CIP数据核字(2016)第229346号

内 容 提 要

本书以 3ds Max 和 VRay 渲染器为基础，采用"完全实例"的形式进行编写，并结合效果图制作的设计思路和制作方法，按"建模→材质→摄影机→灯光→渲染"这一流程讲解效果图的制作。全书共 10 章，内容包括 3ds Max 的基本应用、基础建模技术、高级建模技术、材质与贴图技术、摄影机技术、灯光技术、渲染效果图和后期处理技法等。书中给出了 80 个课堂案例和 66 个拓展练习，课堂案例包含制作分析、重点软件工具（命令）、制作步骤和总结概括，拓展练习给出了明确的制作提示。本书结构清晰、思路明确，通过练习，读者可快速掌握效果图制作的核心技术。

本书所有案例均使用 3ds Max 2014 、VRay 2.40 和 Photoshop CS6 制作，适合效果图制作初学者，也可作为普通高等院校及高职院校的教材。

◆ 编　　著　互联网+数字艺术教育研究院
　　责任编辑　税梦玲
　　责任印制　彭志环

◆ 人民邮电出版社出版发行　　北京市丰台区成寿寺路 11 号
　　邮编　100164　　电子邮件　315@ptpress.com.cn
　　网址　http://www.ptpress.com.cn
　北京捷迅佳彩印刷有限公司印刷

◆ 开本：787×1092　1/16　　　彩插：2
　　印张：16　　　　　　　　2016 年 11 月第 1 版
　　字数：466 千字　　　　　　2024 年 8 月北京第 13 次印刷

定价：69.80 元（附光盘）

读者服务热线：(010)81055256　印装质量热线：(010)81055316
反盗版热线：(010)81055315

编写目的

　　3ds Max是世界顶级的三维制作软件之一，也是当今应用范围最广、用户群体最多、综合性能最强的通用三维平台。VRay是一款性能优异的全局光渲染器，其优点是简单、易用，渲染效果逼真，速度较快，所以，尽管VRay只是一款独立的渲染插件，但依然获得了业界的一致认可，成为当前主流的渲染利器。在实际工作中，3ds Max用于创建模型和提供制作平台，VRay用于渲染输出，两者可完美配合。为了帮助初学者利用这两款软件制作出可商用的效果图，本书将讲解常用室内效果图各制作环节中的重要技术和常用技术。

平台支撑

　　"微课云课堂"目前包含近50 000个微课视频，在资源展现上分为"微课云""云课堂"这两种形式。"微课云"是该平台中所有微课的集中展示区，用户可随需选择；"云课堂"是在现有微课云的基础上，为用户组建的推荐课程群，用户可以在"云课堂"中按推荐的课程进行系统化学习，或者将"微课云"中的内容进行自由组合，定制符合自己需求的课程。

❖ "微课云课堂"主要特点

　　微课资源海量，持续不断更新："微课云课堂"充分利用了出版社在信息技术领域的优势，以人民邮电出版社60多年的发展积累为基础，将资源经过分类、整理、加工以及微课化之后提供给用户。

　　资源精心分类，方便自主学习："微课云课堂"相当于一个庞大的微课视频资源库，按照门类进行一级和二级分类，以及难度等级分类，不同专业、不同层次的用户均可以在平台中搜索自己需要或者感兴趣的内容资源。

多终端自适应，碎片化移动化：大部分微课时长不超过10分钟，可以满足读者碎片化学习的需要；平台支持多终端自适应显示，除了在PC端使用外，用户还可以在移动端随心所欲地进行学习。

❖ "微课云课堂"使用方法

登录"微课云课堂"（www.ryweike.com）→用手机号码注册→在用户中心输入本书激活码（94102416），将本书包含的微课资源添加到"已购买微课单"，获取永久在线观看本课程微课视频的权限。

此外，购买本书的读者还将获得一年期价值168元的VIP会员资格，可免费学习50 000个微课视频。

内容特点

全书案例按"制作分析→重点工具→制作步骤→案例总结→拓展练习"这一流程组织内容，激发学生的学习兴趣，对案例对象进行分析，介绍常用制作工具的功能；通过简练的步骤解析训练学生的动手能力，通过案例总结和拓展练习帮助学生强化并巩固所学的操作技法，提高实际应用能力。

制作分析：对案例对象进行分析，找出最简单、最高效的制作思路和制作方法，授人以渔，训练读者的分析能力。

重点工具：讲解制作过程中所需工具的理论知识，着重实际训练，理论内容的设计以"必需、够用、实用"为度，取其精华，去其糟粕。

制作步骤：严格遵循制作分析的制作思路和制作方法，以简练、通俗易懂的语言叙述操作步骤，力求步骤条理清晰、思路明确。另外，在部分步骤中嵌入"技巧与提示"，介绍工作中常用的操作技巧和注意事项。

案例总结：对整个案例进行概括分析，总结案例的练习目的和应用方向、操作中需要注意的地方、在行业领域中的注意事项。

拓展练习：结合案例内容给出难度适宜的练习题目，达到边学边练，强化巩固所学知识技法，从而能温故知新的目的。

配套资源

为方便读者线下学习或教师教学，本书附赠的光盘中，提供了"案例""练习""多媒体教学""PPT课件"和"附赠资源"5个文件夹。

案例：包含"案例"的场景文件和实例文件。场景文件包括初始文件、素材和贴图，可供练习和操作使用；实例文件是完成文件，可供查询使用。

练习：包含"拓展练习"的场景文件和实例文件。场景文件包括初始文件、素材和贴图，可供练习和操作使用；实例文件是完成文件，可供查询使用。

多媒体教学：包含"案例"和"拓展练习"的制作视频。读者在操作过程中，遇到不太明白的地方，可通过观看教学视频来解决。

PPT课件：包含与本书配套的PPT教学课件。老师可以直接用于教学。

附赠资源：包含500套常用单体模型、5套CG场景、15套效果图场景、5 000多张经典贴图和180个高动态HDRI贴图。在学完本书内容以后，读者可使用这些模型进行练习，将效果图"一网打尽"。

编者
2016年6月

目 录

第 01 章

3ds Max 的基本应用

在效果图制作领域，主流制作平台是 3ds Max。3ds Max 是 Autodesk 公司开发的基于 PC 平台上最为流行的三维制作软件之一，它为用户提供了一个"集 3D 建模、动画、渲染和合成于一体"的综合解决方案。3ds Max 的功能强大，凭借其简单快捷的操作方式，深受广大用户的喜爱，以至于在很多新兴行业都可以看到该软件的应用。本章介绍的是 3ds Max 2014 的软件基础知识。3ds Max 2014 有两个版本，分别是 3ds Max 2014 和 3ds Max Design 2014，但版本之间的功能差异是极其细微的，而且从实际工作来看，两个版本基本上是可以互通的，也就是说，无论通过哪个版本来学习都一样。本章将主要介绍 3ds Max 2014 的工作界面、常规界面操作、常规设置、常规文件操作、常规视图操作和常规对象操作，这些操作比较简单和固定，但是它们在效果图制作中的使用频率非常高，掌握好这些操作，为效果图制作打下良好的软件基础。

知识技法掌握

了解 3ds Max 2014 的发展史

熟悉 3ds Max 2014 的工作界面

掌握 3ds Max 的界面操作、单位设置

掌握 3ds Max 的视图操作

掌握 3ds Max 的文件操作

掌握 3ds Max 的常规对象操作

案例 01
认识界面结构

场景位置	无
实例位置	无
视频文件	多媒体教学 >CH01> 案例 1.mp4
技术掌握	认识 3ds Max 的工作界面

双击计算机桌面的 ▶ 快捷方式启动3ds Max 2014，经过3~5分钟，可以看到3ds Max 2014的工作界面，如图1-1所示。

图1-1

标题栏　菜单栏　主工具栏　命令面板　时间控制按钮　视口导航控制按钮
建模工具选项卡　视口布局选项卡　时间尺　状态栏　视口区域

技巧与提示

前面介绍的启动方法是最常用的。另外，还可以通过执行【开始】>【所有程序】>【Autodesk 3ds Max 2014】>【Autodesk 3ds Max 2014 Simplified Chinese】菜单命令来启动3ds Max 2014。

在初次启动3ds Max 2014时，系统会自动打开【欢迎使用3ds Max】对话框，其中包括6个入门视频教程，如图1-2所示。

若想在启动3ds Max 2014时不打开【欢迎使用3ds Max】对话框，只需要在该对话框左下角关闭【在启动时显示此欢迎屏幕】选项即可，如图1-3所示；若要恢复【欢迎使用3ds Max】对话框，可以执行【帮助】>【欢迎屏幕】菜单命令来打开该对话框，如图1-4所示。

图1-2　　　　　图1-3　　　　　图1-4

3ds Max 2014的工作界面分为【标题栏】、【菜单栏】、【主工具栏】、【视口区域】、【视口布局选项卡】、【建模工具】选项卡、【命令】面板、【时间尺】、【状态栏】、【时间控制按钮】和【视口导航控制按钮】11大部分。

下面对常用界面进行简单介绍

标题栏：3ds Max 2014的【标题栏】位于界面的最顶部。【标题栏】上包含当前编辑的文件名称、软件版本信息，同时还有软件图标（这个图标也称为"应用程序"图标）、快速访问工具栏和信息中心3个非常人性化的工具栏，如图1-5所示。

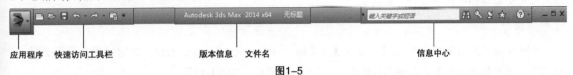

应用程序　快速访问工具栏　　　　　　　　版本信息　文件名　　　　　　　　　信息中心

图1-5

菜单栏：【菜单栏】位于工作界面的顶端，包含【编辑】、【工具】、【组】、【视图】、【创建】、【修改器】、【动画】、【图形编辑器】、【渲染】、【自定义】、【MAXScript】和【帮助】12个主菜单，如图1-6所示。

编辑(E)　工具(T)　组(G)　视图(V)　创建(C)　修改器(M)　动画(A)　图形编辑器(D)　渲染(R)　自定义(U)　MAXScript(X)　帮助(H)

图1-6

主工具栏：【主工具栏】中集合了最常用的一些编辑工具，图1-7所示为默认状态下的【主工具栏】。某些工具的右下角有一个三角形图标，单击该图标就会打开下拉工具列表。以【捕捉开关】为例，单击【捕捉开关】按钮 就会打开捕捉工具列表，如图1-8所示。

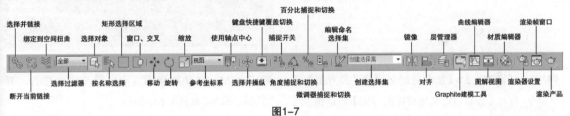

图1-7

视口区域：视口区域是操作界面中最大的一个区域，也是3ds Max中用于实际工作的区域，默认状态下为四视图显示，包括顶视图、左视图、前视图和透视图4个视图，在这些视图中可以从不同的角度对场景中的对象进行观察和编辑。每个视图的左上角都会显示视图的名称以及模型的显示方式，右上角有一个导航器（不同视图显示的状态也不同），如图1-9所示。

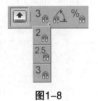

图1-8

命令面板：【命令】面板非常重要，场景对象的操作都可以在【命令】面板中完成。【命令】面板由6个用户界面面板组成，默认状态下显示的是【创建】面板 ，其他面板分别是【修改】面板 、【层次】面板 、【运动】面板 、【显示】面板 和【实用程序】面板 ，如图1-10所示。

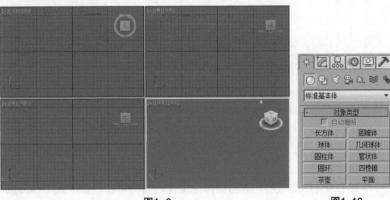

图1-9　　　　　　　　　　　　　图1-10

案例 02
设置用户界面

场景位置	无
实例位置	无
视频文件	多媒体教学 >CH01> 案例 2.mp4
技术掌握	掌握加载界面方案的方法

【设置分析】

设置界面的方法很简单，在3ds Max 2014中执行相关菜单命令即可打开界面UI的文件夹，然后在打开的对话中选择相应UI文件即可。

【重要命令】

本例所运用到的菜单命令是【自定义】>【加载自定义用户界面方案】，如图1-11所示。

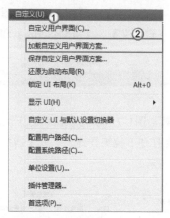

图1-11

【设置步骤】

01 启动3ds Max 2014，此时的用户界面是默认界面，如图1-12所示。

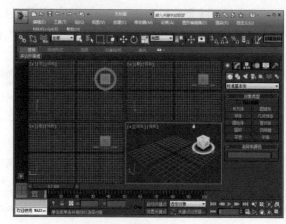

图1-12

02 执行【自定义】>【加载自定义用户界面方案】菜单命令，打开【加载自定义用户界面方案】对话框，选择【ame-light】，单击【确定】按钮，如图1-13所示。

图1-13

03 3ds Max自动加载UI方案，等待10秒左右，界面加载成功，如图1-14所示。

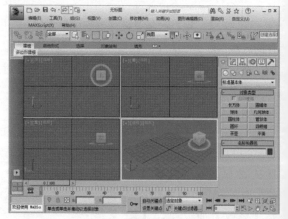

图1-14

技巧与提示

在实际工作中，大部分工作人员都喜欢将界面设置为灰色的。

【案例总结】

本例主要介绍加载用户界面的命令操作，用户可以根据个人工作习惯设置合适界面方案。

案例 03
自定义视图布局

场景位置	无
实例位置	无
视频文件	多媒体教学 >CH01> 案例 3.mp4
技术掌握	掌握视图布局选项卡的使用方法

扫码观看视频

01

【设置分析】

在【视图布局选项卡】中选择相应的布局方式，即可添加视图布局方案。

【重要工具】

本例所用到的工具按钮是【视图布局选项卡】中的【创建新的视图布局选项卡】▶️按钮，通过该工具可以打开【标准视口布局】列表，在其中选择相应的视图方案即可添加新视图布局，如图1-15所示。

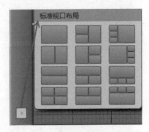

图1-15

02 单击【创建新的视图布局选项卡】▶️按钮，在【标准视口布局】列表中选择【列3、列1 大】视图方案，如图1-17所示。

图1-17

【设置步骤】

01 启动3ds Max 2014，在【视图布局选项卡】中可以发现此时默认的是视图布局是【四元菜单4】，如图1-16所示。

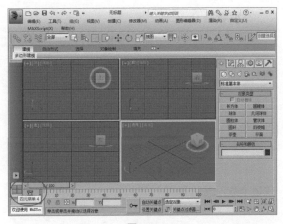

图1-16

03 3ds Max系统自动加载视图方案，等待1~3秒，加载好的视图方案如图1-18所示。

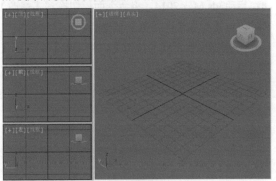

图1-18

【案例总结】

本例主要介绍如何通过【视图布局选项卡】自定义布局的方法，用户可以根据自己的工作需求设置不同的布局方案。

技巧与提示

添加了新的视图布局后，【视图布局选项卡】中会出现新增一个视图方案的缩略图，如图1-19所示。通过单击缩略图可以进行视图方案间的切换，在新增方案的缩略图上单击鼠标右键，可选择【删除选项卡】将其删除。

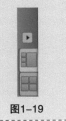

图1-19

案例 04
配置修改器面板

场景位置	无
实例位置	无
视频文件	多媒体教学 >CH01> 案例 4.mp4
技术掌握	掌握修改器面板的方法

【设置分析】

在命令面板的【修改】选项卡下打开【配置修改器集】对话框，在对话框中可以进行修改器面板的配置，配置完成后，将按钮面板显示出来即可。

【重要工具】

本例所运用到的工具按钮是【配置修改器集】按钮，单击该按钮可以打开【配置修改器集】对话框，如图1-20所示，修改器面板的配置工作就是在该对话框中完成的。

重要参数介绍

修改器：拖曳左侧列表中的修改器到右侧按钮上，即可将修改器配置成按钮。

集：可以对当前配置的面板进行命名，也可以在下拉列表中直接选取不同分类的修改器组，可以使用 保存 和 删除 对当前配置进行保存和删除。

按钮总数：设置【配置修改器集】面板中的按钮个数，默认为8。

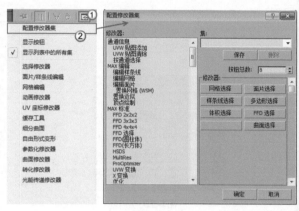

图1-20

【设置步骤】

01 启动3ds Max 2014，将命令面板切换到【修改】面板下，如图1-21所示。

02 单击【配置修改器集】按钮，在对话框中设置【按钮总数】为10，将【修改器】列表中的常用修改器分别拖曳到不同的按钮上，将【集】命名为【常用修改器】，依次单击 保存 和 确定 按钮完成配置，如图1-22所示。

技巧与提示

若要删除按钮上的修改器，可以将按钮拖曳到左侧修改器列表中的空白处，如图1-23所示。

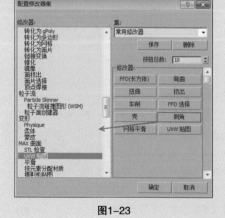

图1-23

图1-21　　　　　图1-22

03 此时命令面板没有显示修改器面板。单击【配置修改器集】按钮，在下拉列表中选择【显示按钮】选项，如图1-24所示，显示的修改器面板如图1-25所示。

技巧与提示

此时的修改器面板是不可用的，这是因为在视图中未选择对象。

图1-24　　　　　　　图1-25

【案例总结】

本例主要介绍使用【配置修改器集】按钮设置修改器面板的方法。在工作中，设计师都会设置一个属于自己的修改器面板，便于快速地找到常用的修改器。读者可以根据个人习惯为自己设置一个修改器面板。

案例 05 设置单位	场景位置	无	扫码观看视频
	实例位置	无	
	视频文件	多媒体教学 >CH01> 案例 5.mp4	
	技术掌握	掌握单位设置的方法	

【设置分析】

单位设置包括【显示单位比例】和【系统单位比例】的设置。在工作中，这两种都是要通过菜单命令打开对话框来设置的。

【重要命令】

在3ds Max 2014中，执行【自定义】>【单位设置】菜单命令打开【单位设置】对话框，在对话框中进行相关单位设置，如图1-26所示。

重要参数介绍

显示单位比例：设置视图中几何体的单位显示方式。

系统单位比例：设置几何体的实际单位。

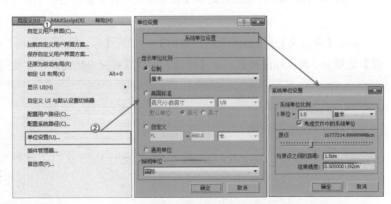

图1-26

技巧与提示

【系统单位比例】和【显示单位比例】之间的差异十分重要。【显示单位比例】只影响单位在视口中的显示方式，而【系统单位比例】决定几何体度量标准。

例如，一个长宽高为100×100×100的长方体，设置【显示单位比例】为【米】，那么在面板中显示为100m×100m×100m，再设置【系统单位比例】为【毫米】，此时显示的是0.1m×0.1m×0.1m。上述例子说明这是边长为100【毫米】的立方体，而显示方式是【米】为单位。所以【显示单位比例】决定的是单位的显示方式，【系统单位比例】决定的是几何体的实际大小。

【设置步骤】

01 启动3ds Max 2014，执行【自定义】>【单位设置】菜单命令打开【单位设置】对话框，设置【显示单位比例】为【公制】组的【毫米】，如图1-27所示。

02 单击 ［系统单位设置］ 按钮打开【系统单位设置】对话框，设置【系统单位比例】为【毫米】，依次单击 ［确定］ ，如图1-28所示。

図1-27　　　　　　　図1-28

技巧与提示

在实际工作中，单位设置是根据项目的整体要求来定的。在本书中，使用的长度单位都是【毫米】。

【案例总结】

本例介绍了单位设置的方法，在效果图制作中，单位的设置是最基础的设置，同时也是必需的设置，它可以让不同对象之间有一个明确的度量标准。

案例 06
设置快捷键

场景位置	无
实例位置	无
视频文件	多媒体教学 >CH01> 案例 6.mp4
技术掌握	掌握设置快捷键的方法

扫码观看视频

【设置分析】

在3ds Max 2014中，快捷键是在【自定义用户界面】对话框中进行设置的。

【重要命令】

执行【自定义】>【自定义用户界面】，打开【自定义用户界面】对话框，如图1-29所示。在【键盘】选项卡下选择相应操作，在【热键】后设置对应快捷键即可实现快捷键的设置。

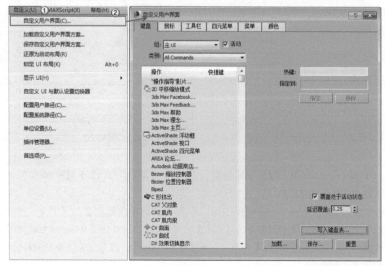

图1-29

【设置步骤】

01 启动3ds Max 2014，执行【自定义】>【自定义用户界面】打开【自定义用户界面】对话框，在【操作/快捷键】列表中选择【导入文件】，单击【热键】后的文本框，待文本框内出现光标，按键盘上的Ctrl+J快捷键，单击 指定 按钮，如图1-30所示。

图1-30

02 此时对话框发生变化，显示已指定【导入文件】的快捷键为Ctrl+J，单击 保存... 按钮，设置好保存路径，如图1-31所示，最后关闭【自定义用户界面】对话框。

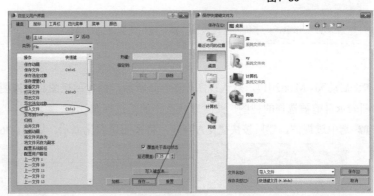

图1-31

技巧与提示

　　保存快捷键的好处在于可以将该文件复制到其他电脑上的3ds Max安装文件下的UI文件夹中，然后在【自定义用户界面中】对话框中加载快捷键文件即可使用。若要移除快捷键，在【自定义用户界面】对话框中选择该快捷键，单击 移除 按钮即可，如图1-32所示。

图1-32

03 在3ds Max 2014中按快捷键Ctrl+J，系统即刻打开【选择要导入的文件】对话框，如图1-33所示，表示快捷键设置成功。

图1-33

【案例总结】

　　本例介绍了自定义快捷键的方法，用户可以根据个人操作习惯设置快捷键，使操作更加流畅自如，提高工作效率。

案例 07
视图的基本操作

场景位置	无
实例位置	无
视频文件	多媒体教学 >CH01> 案例 7.mp4
技术掌握	掌握视图切换、平移、旋转、缩放等操作的方法

扫码观看视频

【操作分析】

视图操作主要是对视图区域进行操作，包括视图的最大化、旋转、移动、缩放等。

【重要工具】

在3ds Max 2014中，可以使用【视图导航控制按钮】中的按钮对视图进行相应的操作，如图1-34所示。

图1-34

─ **技巧与提示** ─────────────────────────────

在实际工作中，为了提高工作效率，都是使用快捷键进行操作。

【操作步骤】

01 启动3ds Max 2014，默认视图如图1-35所示，包含顶视图、前视图、左视图和透视图，黄色框所在视图表示目前被选择的视图，此时默认选择的是透视图。

02 选中透视图，然后按快捷键Alt+W，将视图最大化显示，如图1-36所示。

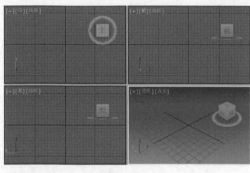

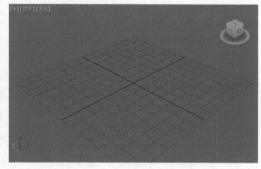

图1-35

图1-36

─ **技巧与提示** ─────────────────────────────

再次按快捷键Alt+W，可取消最大化显示，回到四元菜单显示。

另外，有时会出现按快捷键Alt+W不能最大化显示当前视图，这种情况可能是由两种原因造成的。

第1种：3ds Max出现程序错误。遇到这种情况可重启3ds Max。

第2种：可能是由于某个程序占用了3ds Max的快捷键Alt+W，如腾讯QQ的"语音输入"快捷键就是Alt+W，如图1-37所示。这时可以将这个快捷键修改为其他快捷键，或直接不用这个快捷键，如图1-38所示。

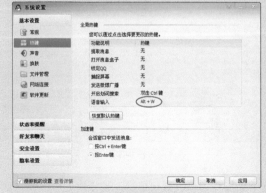

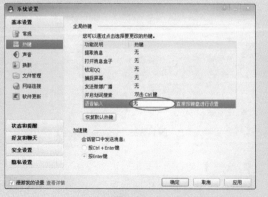

图1-37

图1-38

03 按T键，视图切换到顶视图，如图1-39所示；按P键，视图又切换到透视图，如图1-40所示。

图1-39   图1-40

技巧与提示

单击视图左上角的视图菜单，可以在菜单中选择要切换的视图，后面的字母表示对应的快捷键，如图1-41所示。在工作中常用到的是顶视图【T】、前视图【F】、左视图【R】和透视图【P】，另外，当场景中有摄影机时，按C键可以切换至摄影机视图。

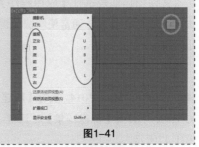

图1-41

04 最大化透视图，按住鼠标中键（滚轮）并拖曳鼠标光标，视图会发生移动，如图1-42所示。

05 按住Alt键，同时按住鼠标中键（滚轮）并拖曳鼠标光标，视图会发生旋转，如图1-43所示。

图1-42   图1-43

06 直接滚动鼠标滚轮，视图会进行缩放，如图1-44所示。

07 按Z键，视图回到初始状态，如图1-45所示。在实际操作中，本操作常用于最大化显示对象。

图1-44   图1-45

技巧与提示

视图是结合对象进行操作的，当选中一个对象时，进行视图操作，视图会以对象轴心为中心进行相应变化，这样可以方便观察对象。

【案例总结】

本例介绍的是视图的常规操作方法，这些操作是工作中必用的。视图操作的作用在于可以从不同角度、不同方位和不同比例对场景对象进行观察，它伴随着效果图制作的整个过程。

中文版 3ds Max/VRay 效果图制作案例教程（微课版）

案例 08
文件的基本操作

场景位置	无
实例位置	无
视频文件	多媒体教学 >CH01> 案例 8.mp4
技术掌握	掌握新建场景、打开文件、导入文件和保存文件的方法

扫码观看视频

【操作分析】

文件的基本操作包括新建文件、打开文件、导入文件和保存文件这4个常规操作。

【重要命令】

文件操作都是执行【应用程序】按钮 ▓ 下的菜单命令来完成的。当然，在实际工作中，通常使用快捷键来提高工作效率。图1-46所示的是下拉菜单。

图1-46

【操作步骤】

01 启动3ds Max 2014，执行【新建】>【新建全部】菜单命令（快捷键为Ctrl+N），打开【新建场景】对话框，选择【新建全部】完成新建场景，如图1-47所示。

图1-47

技巧与提示

若当前场景有内容或发生改变，在进行新建时，会打开对话框询问是否保存现有场景内容，如图1-48所示。

图1-48

----

02 执行【打开】>【打开】菜单命令（快捷键为Ctrl+O），打开【打开文件】对话框，选择需要打开的.max文件，单击 打开(O) 按钮，如图1-49所示，打开【文件加载：单位不匹配】对话框，选择【按系统单位比例重缩放文件对象】，如图1-50所示，打开文件后，视图如图1-51所示。

图1-49

图1-50

图1-51

技巧与提示

关于为何选【按系统单位比例重缩放文件对象】选项，可参考"案例5 设置单位"。另外，在工作中，常常将文件夹中的文件直接拖入3ds Max视图中来打开文件。

----

03 执行【导入】>【合并】菜单命令，如图1-52所示，打开【合并文件】对话框，选择需要插入到场景的文件，单击 打开(O) 按钮，如图1-53所示，打开【合并】对话框，单击 全部(A) 按钮将选择整个模型，如图1-54所示，合并后的视图如图1-55所示。

图1-52

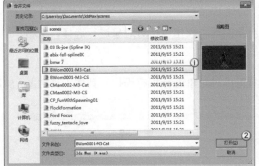

图1-53

图1-54

图1-55

技巧与提示

若合并文件后，在视图中找不到对象，可按Z键将模型最大化显示。另外，在工作中，也可以直接从文件夹中拖曳文件，选择合并即可。

04 执行【另存为】>【另存为】菜单命令，如图1-56所示，打开【文件另存为】对话框，设置存储路径和存储文件名，单击 保存(S) 按钮，保存一个新的文件，如图1-57所示。

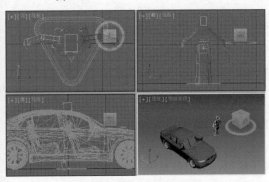

图1-56

图1-57

技巧与提示

【另存为】命令可以将当前场景重新保存为一个新文件，而原文件内容不发生改变。若不需要保留原文件，可以直接执行【保存】命令覆盖掉原文件。

另外，观察图1-56，在【另存为】子菜单中，有一个【归档】命令，它可以将当前场景的所有资源（贴图、灯光文件、场景模型）压缩为一个.zip文件。

【案例总结】

本例介绍了文件的常用操作，包括打开文件、新建场景、导入外部文件和保存文件的操作方法，这些操作都是工作中常用的。

案例09
对象的基本操作

场景位置	场景文件 >CH01>01.max
实例位置	无
视频文件	多媒体教学 >CH01> 案例 9.mp4
技术掌握	掌握选择对象、移动对象、旋转对象和缩放对象的方法

扫码观看视频

【操作分析】

对象，即视图中的模型。对象的基本操作包括对对象进行选择、平移、旋转和缩放。

【重要工具】

使用主工具栏中的对应工具可以对对象进行相应操作，具体工具如图1-58所示。

图1-58

重要工具介绍

选择对象 ：激活该工具，用鼠标左键单击对象，可以将对象选中，但不能进行其他操作，快捷键为Q。

选择并移动 ：激活该工具，选中对象，可以使对象在 x，y，z 轴间进行平移，快捷键为W。

选择并旋转 ：激活该工具，选中对象，可以使对象进行旋转，快捷键为E。

选择并均匀缩放 ：激活该工具，选中对象，可以使对象进行缩放，快捷键为R。

【操作步骤】

01 启动3ds Max 2014，按快捷键Ctrl+O，打开下载资源中的"场景文件>CH01>01.max"文件，如图1-59所示。

02 按Q键激活【选择对象】工具 ，选中视图中的罐子模型，罐子被框住，出现坐标轴，如图1-60所示。

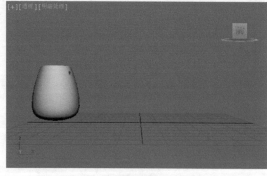

图1-59

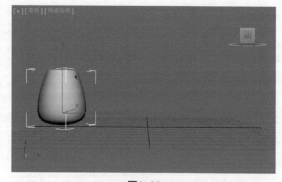

图1-60

03 按W键激活【选择并移动】工具 ，坐标轴出现方向箭头，如图1-61所示，在 x 轴上按住鼠标左键并向右拖曳光标，罐子模型向右移动，如图1-62所示。

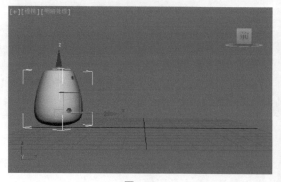

图1-61

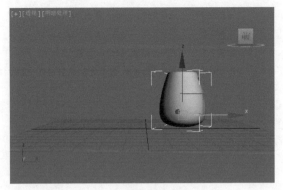

图1-62

04 按E键激活【选择并旋转】工具 ○，坐标变为同心球体，如图1-63所示，在红色的圆上按住鼠标左键向上拖曳光标，罐子模型发生旋转，如图1-64所示。

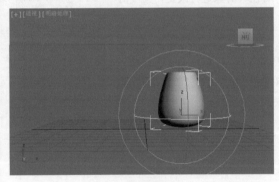

图1-63

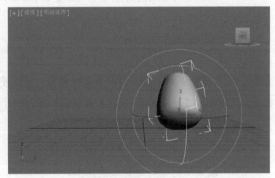

图1-64

05 按R键激活【选择并均匀缩放】工具 ，罐子模型上的同心圆变为方向轴，但是没有了箭头，如图1-65所示，在缩放坐标的中心区域按住鼠标左键并拖曳光标放大模型，如图1-66所示。

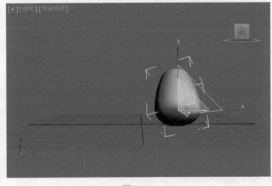

图1-65

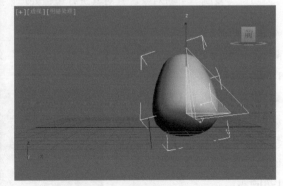

图1-66

【案例总结】

本例主要介绍对象的选择、移动、旋转、缩放、复制和镜像的操作方法，这些方法的使用频率极高，必须掌握。

场景位置	场景文件 >CH01> 案例 10.max
实例位置	实例文件 >CH01> 案例 10.max
视频文件	多媒体教学 >CH01> 案例 10.mp4
技术掌握	掌握选择对象、移动对象、旋转对象和缩放对象的方法

扫码观看视频

案例 10
复制对象

最终效果图

【操作分析】

复制对象时比较常用的一种对象操作方法，包括平移复制、旋转复制、缩放复制和镜像。

【重要方法】

按住Shift键对对象进行移动、旋转或缩放操作，打开【克隆选项】对话框，通过设置对话框就能完成对象的复制，【克隆选项】对话框如图1-67所示。

重要参数介绍

复制：表示复制出来的对象是独立的，与原对象无关联。

实例：表示复制出来的对象与原对象是有关联的，对任一对象进行改变，另一对象会跟随着发生变换。

副本数：表示复制的数量。

选中对象，单击主工具栏的【镜像】按钮，打开【镜像:世界 坐标】对话框，对参数进行设置，可以使对象实现镜像复制，【镜像:世界 坐标】对话框如图1-68所示。

重要参数介绍

镜像轴：设置对象在什么轴上进行镜像。

偏移：设置新对象与原对象的距离。

不克隆：对选择对象进行镜像处理。

复制：复制一个新对象，且对其进行镜像处理，新对象与原对象无关联。

实例：复制一个新对象，且对其进行镜像处理，新对象与原对象有关联。

图1-67

图1-68

【操作步骤】

01 打开光盘文件中的"场景文件>CH1>10.max"文件，场景中有一把椅子和一张桌子的模型，如图1-69所示。

02 在主工具栏的【角度捕捉切换】工具上单击鼠标右键，打开【栅格和捕捉设置】对话框，设置【角度】为90，如图1-70所示。

图1-69

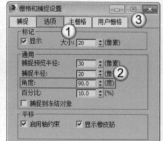

图1-70

技巧与提示

这样设置后，在激活【角度捕捉切换】工具的情况下，对对象进行旋转，对象将以90°为单位角度旋转。

03 切换到顶视图，按E键激活【选择并旋转】工具 🔄，选择椅子模型，按A键激活【角度捕捉切换】工具 ⚮，将椅子旋转90°，打开【克隆选项】对话框，选择【实例】选项，单击【确定】按钮，如图1-71所示，将新复制的椅子移动到如图1-72所示的位置。

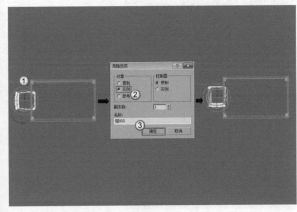

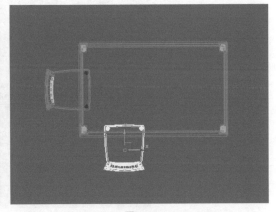

图1-71 图1-72

04 按W键激活【选择并移动】工具 ✥，按住Shift键，将椅子沿*x*轴向右移动一段距离，打开【克隆选项】对话框，选择【实例】选项，单击【确定】按钮，如图1-73所示。复制后的效果如图1-74所示。

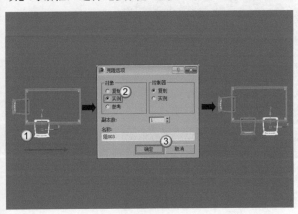

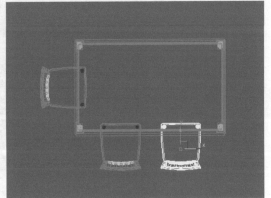

图1-73 图1-74

05 选择图1-75所示的椅子模型，单击【镜像】工具 ⬚，打开的【镜像:屏幕 坐标】对话框，设置【镜像轴】为*y*轴、【偏移】为140mm、【克隆当前选择】为【实例】，单击【确定】按钮。镜像后的效果如图1-76所示。

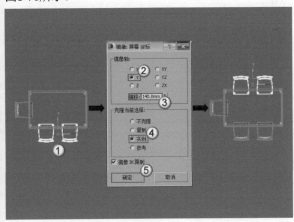

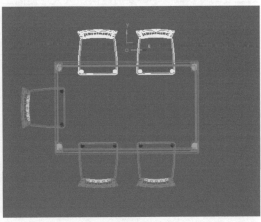

图1-75 图1-76

06 用同样的方法镜像另一把椅子模型，操作步骤如图1-77所示，最终效果如图1-78所示。

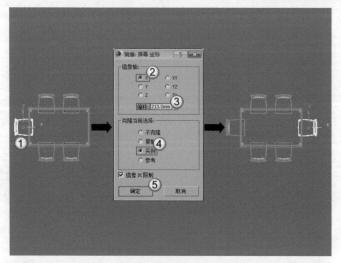

图1-77

图1-78

【案例总结】

　　本例主要介绍复制对象的常用方法。在实际工作中，复制是常用的一种对象操作方法，就如本例，通过复制可以减少不必要的建模，大大地提高工作效率。

第 02 章

基础建模技术

3ds Max 2014 提供了简单的【标准基本体】和【扩展基本体】建模工具,它们的创建方法很简单,只需要拖动鼠标即可。这些基本体的形态非常简单,建模方式也是堆积木的方式,只能制作一些结构简单和低精度的模型。本章的学习重点是效果图制作中常用的一些基本体,包括【长方体】、【圆柱体】、【球体】、【切角长方体】、【切角圆柱体】、【线】、【圆】和【文本】等,它们可以组合起来制作简单的模型,也可以作为多边形建模时的基础几何体使用。

知识技法掌握

学习【长方体】、【圆柱体】等常用基本体的重要参数

掌握【长方体】、【圆柱体】等常用基本体的创建和修改方法

掌握【切角长方体】、【切角圆柱体】等常用扩展基本体的使用方法

掌握【线】、【圆】、【文本】等二维图形的创建方法和修改方法

掌握【捕捉开关】、【角度捕捉切换】、坐标设置、【对齐】等常用操作工具

掌握堆积木式的建模方法

熟练运用复制等常用功能简化操作和提高建模效率

掌握效果图常见模型的创建方法和创建思路

中文版 3ds Max/VRay 效果图制作案例教程（微课版）

案例 11
书桌

场景位置	无
实例位置	案例 > 实例文件 >CH02> 案例 11.max
视频文件	多媒体教学 >CH02> 案例 11.mp4
技术掌握	长方体工具 长方体 、复制功能

扫码观看视频

【制作分析】

对书桌造型进行分析，可将书桌分为桌面和支架两个部分。它们都可以通过长方体来制作。另外，书桌中相同的部分可以通过复制来完成。

【重点工具】

本例的制作工具是【长方体】，其参数面板如图2-1所示。

重点参数解析

长度/宽度/高度：设置长方体的长、宽、高。

最终效果图

长度分段/宽度分段/高度分段：设置长方体各方向上的分段数，图2-2所示的是不同分段的效果。

图2-1

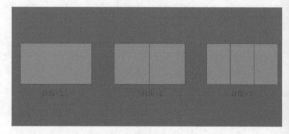

图2-2

【制作步骤】

01 执行 （创建）→ （几何体）→【标准基本体】→ 长方体 ，在视图中单击鼠标左键并拖曳鼠标创建一个长方体，如图2-3所示。

02 单击 （修改）按钮进入【修改】面板，修改模型名称为【桌面】，接着设置【长度】为700mm、【宽度】为1200mm、【高度】为50mm，如图2-4所示。

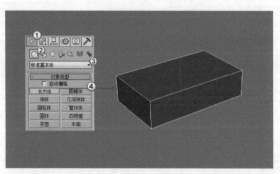

图2-3

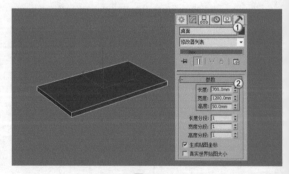

图2-4

技巧与提示

在创建过程中不会直接设置长方体的具体参数，参数一般在【修改】面板中进行修改。

技巧与提示

对模型进行命名是一个很好的操作习惯，在后面的操作中，可以轻松地按名称选取对象。

03 切换到前视图，选中桌面模型，激活【选中并移动】工具 ，按住Shift键，将桌面模型沿y轴向下移动一定距离，打开【克隆选项】对话框，选择【实例】，单击 确定 按钮，如图2-5所示。

04 用步骤01的方法在视图中创建一个长方体,将其命名为【桌脚】,设置【长度】为70mm、【宽度】为70mm、【高度】为750mm,如图2-6所示。

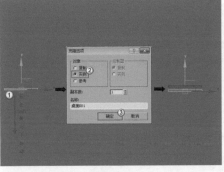

图2-5　　　　　　　　　　　图2-6

05 选中"桌脚"模型,然后激活 (选中并移动)工具,在前视图和顶视图中对其进行位置的调整,将它作为书桌的一个桌脚,位置如图2-7所示。

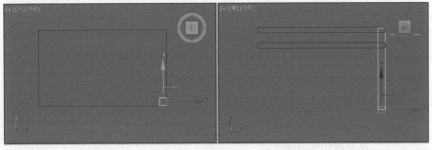

图2-7

06 切换到顶视图,用步骤03的方法复制出另外3个桌脚模型完成书桌的制作,如图2-8所示,书桌的模型如图2-9所示。

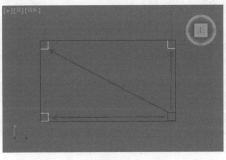

图2-8　　　　　　　　　　　图2-9

【案例总结】

　　本案例是通过制作一个书桌模型来介绍【长方体】的创建方法和修改方法,在制作书桌模型的同时,应该合理地使用复制功能来提高建模的效率。

拓展练习

场景位置	无
实例位置	练习 > 实例文件 >CH02> 练习 11.max
视频文件	多媒体教学 >CH02> 练习 11.mp4

扫码观看视频

这是一个制作书架的练习,制作分析如图2-10所示。

第1步:使用 长方体 拼接出书架的整体框架。

第2步:使用 长方体 制作书架的隔板层。

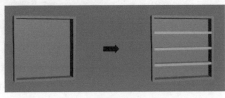

图2-10

最终效果图

案例 12
角柜

场景位置	无
实例位置	案例 > 实例文件 >CH02> 案例 12.max
视频文件	多媒体教学 >CH02> 案例 12.mp4
技术掌握	长方体工具 、圆柱体工具 、复制功能、对齐功能

【制作分析】

对角柜造型进行分析，它是由长方体柜壁和1/4圆柱体的隔板构成的，所以可以使用长方体工具制作柜壁，使用圆柱体工具制作隔板。

【重点工具】

本例的重点制作工具是【圆柱体】，圆柱体的参数面板如图2-11所示。

重点参数解析

半径：设置圆柱体地面的半径。

高度：设置圆柱体的高度。

高度分段：设置圆柱体高度方向的分段数量。

端面分段：设置圆柱体顶面和底面的同心圆数量。

边数：设置圆柱体的周围的边数，数值越大，圆柱体越圆滑。

启用切片：通过设置【切片起始位置】和【切片结束位置】可以对圆柱体进行切割。

最终效果图

图2-11

【制作步骤】

01 执行 （创建）→ （几何体）→ 圆柱体 ，在视图中单击鼠标左键并拖曳鼠标创建一个圆柱体，如图2-12所示。

02 单击 （修改）按钮，进入【修改】面板，修改模型名称为【隔板】，设置【半径】为500mm、【高度】为20mm、【高度分段】为1、【边数】为36，最后勾选【启用切片】，并设置【切片起始位置】为0、【切片结束位置】为270，如图2-13所示。

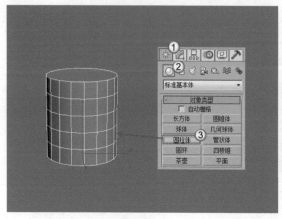

图2-12

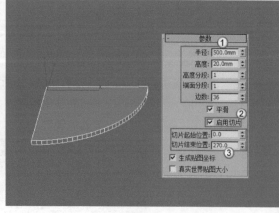

图2-13

03 切换到前视图，选中隔板模型，然后激活 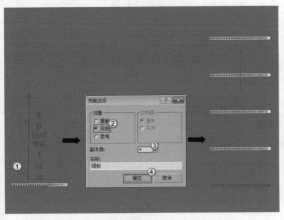（选中并移动）工具，并按住键盘上的Shift键，将"隔板"模型沿y轴向下移动一定距离，接着弹出【克隆选项】对话框，再选择【实例】，设置【副本数】为4，单击 确定 按钮，如图2-14所示。

04 在视图中创建一个长方体，将其命名为【柜壁】，设置【长度】为20mm、【宽度】为500mm、【高度】为1 250mm，如图2-15所示。

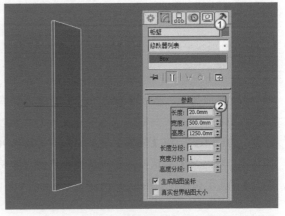

图2-14　　　　　　　　　　　　　　　　　图2-15

技巧与提示

　　【长度】、【宽度】的数值是根据隔板的数值来设置的，【长度】设置为20mm，与隔板的厚度一致；【宽度】设置为500，与隔板的半径长度一致。

05 选中柜壁模型，将其移动到隔板处，与它们进行组合，位置如图2-16所示。

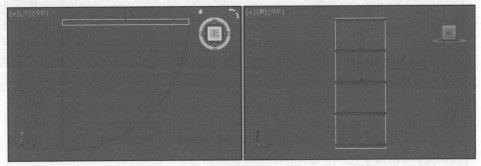

图2-16

技巧与提示

　　在进行拼接时，可以激活【对齐】工具 ，具体操作如下。

　　第1步：切换到顶视图，选中圆柱体，单击 按钮，选中长方体，打开【对齐当前选择】对话框。

　　第2步：对齐顶视图的y轴方向。勾选【Y位置】，设置【当前对象】为【最大】、【目标对象】为【最大】，表示在当前视图中将y轴上圆柱体的最大值处对齐长方体的最大值处，最后单击 应用 按钮，如图2-17所示。

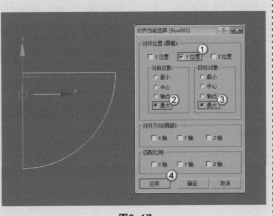

图2-17

第3步：对齐顶视图的x轴方向，方法与前面相同，如图2-18所示。

第4步：用同样的方法进行高度的对齐操作。

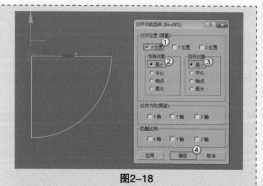

图2-18

06 切换到顶视图，按A键激活 （角度捕捉切换）工具，选中柜壁模型，激活 （选中并旋转）工具，按住键盘上的Shift键，将【隔板】模型沿顺时针旋转90°，打开【克隆选项】对话框，在对话框中选择【实例】，单击【确定】按钮，如图2-19所示。

图2-19

07 选中新复制的隔板模型，将它移动到角柜的另一侧完成角柜的制作，位置如图2-20所示，角柜模型如图2-21所示。

图2-20

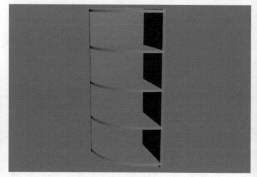

图2-21

【案例总结】

本案例是通过制作一个角柜模型来介绍【圆柱体】和【长方体】的创建方法和修改方法，并了解【圆柱体】的切割方法。

拓展练习

场景位置	无
实例位置	练习 > 实例文件 >CH02> 练习 12.max
视频文件	多媒体教学 >CH02> 练习 12.mp4

扫码观看视频

这是一个制作圆形石桌的练习，制作分析如图2-22所示。

第1步：使用 圆柱体 创建一个圆柱体。

第2步：复制3个圆柱体。

第3步：对复制的圆柱体进行修改或缩放，拼凑成石桌模型。

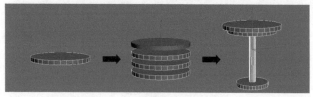

图2-22

最终效果图

案例 13
吊灯

场景位置	无
实例位置	案例 > 实例文件 >CH02> 案例 13.max
视频文件	多媒体教学 >CH02> 案例 13.mp4
技术掌握	球体工具 、圆柱体工具 、复制功能

扫码观看视频

【制作分析】

对吊灯进行分析，可以将吊灯拆分为3部分，分别是球体灯罩、圆柱体灯和吊绳，这里可以使用圆柱体来模拟吊绳。

最终效果图

【重点工具】

本例介绍的重点工具是【球体】，参数面板如图2-23所示。

重点参数解析

半径：指定球体的半径。

分段：设置球体多边形分段的数目。分段越多，球体越圆滑，反之则越粗糙，图2-24所示是【分段】值分别为8和32时的球体对比。

半球：该值过大将从底部"切断"球体，以创建部分球体，取值范围可以从0~1。值为0时可以生成完整的球体；值为0.5时可以生成半球，如图2-25所示；值为1时会使球体消失。

图2-23

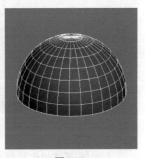

图2-24

图2-25

切除：通过在半球断开时将球体中的顶点数和面数"切除"来减少它们的数量。

挤压：保持原始球体中的顶点数和面数，将几何体向着球体的顶部挤压为越来越小的体积。

轴心在底部：在默认情况下，轴点位于球体中心的构造平面上，如图2-26所示。如果勾选【轴心在底部】选项，则会将球体沿着其局部z轴向上移动，使轴点位于其底部，如图2-27所示。

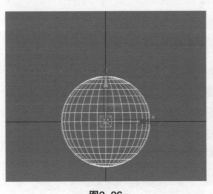

图2-26

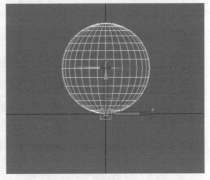

图2-27

【制作步骤】

01 执行 ⊞（创建）→ ◯（几何体）→ 球体 ，然后在视图中单击鼠标左键并拖曳鼠标创建一个球体，如图2-28所示。

25

02 单击 （修改）按钮，进入修改面板，然后修改模型名称为【灯罩】，接着设置【半径】为100mm、【分段】为32，如图2-29所示。

 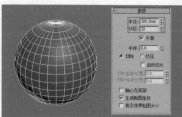

图2-28　　　　　　　　　　　　　　　　　　　　图2-29

03 在灯罩正上方创建一个圆柱体，将其命名为【灯座】，然后设置【半径】为45mm、【高度】为25mm、【高度分段】为1、【边数】为36，参数及位置如图2-30所示。

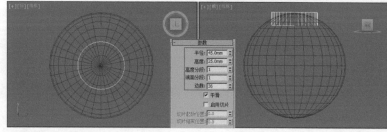

图2-30

04 切换到前视图，然后将圆柱体沿y轴向上复制一个，将其命名为【吊线】，接着将【半径】改为2.5mm、【高度】改为500mm，参数及位置如图2-31所示，吊灯模型如图2-32所示。

图2-31　　　　　　　　　　　　　　　　　图2-32

技巧与提示

因为吊线和灯座都是圆柱体，通过复制几何体来进行修改，可以节约创建吊线的时间。

【案例总结】

本案例通过制作吊灯模型来介绍【球体】和【圆柱体】的创建方法和修改操作，合理地运用复制功能和修改操作可以节约建模时间。

拓展练习

场景位置	无
实例位置	练习 > 实例文件 CH02> 练习 13.max
视频文件	多媒体教学 >CH02> 练习 13.mp4

扫码观看视频

这是一个制作台灯的练习，制作分析如图2-33所示。

第1步：使用 圆柱体 创建灯罩模型。

第2步：使用 圆柱体 和 长方体 分别创建灯杆和灯座。

第3步：使用 球体 创建灯杆上的球形装饰，并调整每一个球体的大小。

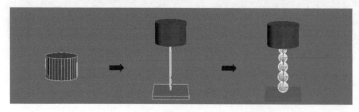 

图2-33　　　　　　　　　　　　　　　　　　　　最终效果图

26

案例 14
小方凳

场景位置	无
实例位置	案例 > 实例文件 >CH02> 案例 14.max
视频文件	多媒体教学 >CH02> 案例 14.mp4
技术掌握	球体工具 、圆柱体工具 、复制功能

扫码观看视频

【制作分析】

小方凳的制作原理与书桌是相同的，即使用长方体拼凑。本例的特点在于构成小方凳的长方体的棱角是圆滑的，这样更加贴近现实生活。

【重点工具】

本例介绍的重点工具是【切角长方体】，参数面板如图2-34所示。

重要参数介绍

长度/宽度/高度：用来设置切角长方体的长度、宽度和高度。

圆角：切开倒角长方体的边，以创建圆角效果，图2-35所示是长度、宽度和高度相等，而【圆角】值分别为1mm、3mm、6mm时的切角长方体效果。

图2-34

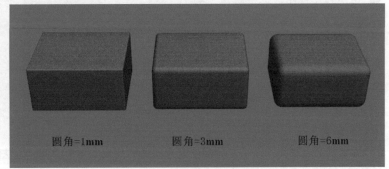

圆角=1mm　　　　圆角=3mm　　　　圆角=6mm

图2-35

长度分段/宽度分段/高度分段：设置沿着相应轴的分段数量。

圆角分段：设置切角长方体圆角边时的分段数，值越大，分段越多，棱角处越圆滑。

【制作步骤】

01 执行 ⬛ （创建）→ ◯ （几何体）→扩展基本体→ 切角长方体 ，在视图中单击鼠标左键并拖曳鼠标创建一个切角长方体，如图2-36所示。

02 单击 ▨ （修改）按钮，进入修改面板，打开【参数】卷展栏，设置【长度】为280mm、【宽度】为180mm、【高度】为20mm、【圆角】为5mm，如图2-37所示。

图2-36

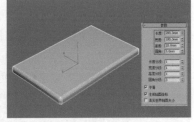

图2-37

技巧与提示

【圆角分段】的值变大，棱角处的分段就变多，而切角长方体的面也会增多。在不影响模型形态和结构的情况下，面越少越好。所以，在工作中，【圆角分段】保持默认值即可。

中文版 3ds Max/VRay 效果图制作案例教程（微课版）

03 切换到左视图，将切角长方体沿 y 轴向下复制一个，如图2-38所示。

04 选中复制的切角长方体，单击☑（修改）按钮，进入修改面板，修改【圆角】为2mm，如图2-39所示。

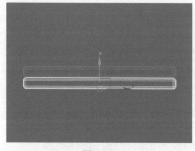

图2-38　　　　　　　　　图2-39

05 新建一个切角长方体，单击☑（修改）按钮，进入修改面板，设置【长度】为20mm、【宽度】为190mm、【高度】为280mm、【圆角】为2mm，切角长方体的位置及参数如图2-40所示。

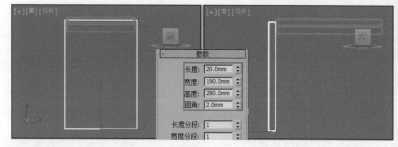

图2-40

06 切换到左视图，选中新建的切角长方体，将它沿 x 轴向右复制一个，如图2-41所示，制作好的小方凳模型如图2-42所示。

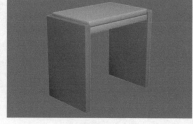

图2-41　　　　　　　　　图2-42

【案例总结】

　　本案例通过制作一个小方凳模型来介绍【切角长方体】的创建方法和修改方法。切角长方体与长方体的区别在于，切角长方体的棱角是圆滑的。在现实生活中，物体的棱角基本上是圆滑的，所以棱角圆滑的模型在细节表现上更接近于真实物体。

拓展练习

场景位置	无
实例位置	练习 > 实例位置 >CH02> 练习 14.max
视频文件	多媒体教学 >CH02> 练习 14.mp4

扫码观看视频

　　这是一个制作椅子的练习，制作分析如图2-43所示。

　　第1步：使用 长方体 创建一个长方体，设置好参数，将它作为椅子的脚。

　　第2步：复制多个长方体，对它们进行平移、旋转和修改参数，将其拼成椅子的框架。

　　第3步：使用 切角长方体 创建4个切角长方体，将它们制作成坐垫、扶手和靠背。

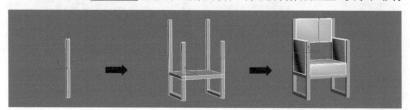

图2-43

最终效果图

案例 15
茶几

场景位置	无
实例位置	案例 > 实例文件 >CH02> 案例 15.max
视频文件	多媒体教学 >CH02> 案例 15.mp4
技术掌握	切角圆柱体工具、管状体工具、坐标点的设置方法

扫码观看视频

【制作分析】

对茶几进行分析，茶几由两部分组成：茶几台面和茶几支撑脚。使用【切角圆柱体】模拟台面，将【管状体】进行切片（原理与【圆柱体】相同），使它作为支撑脚。

最终效果图

【重点工具】

本例介绍的重点工具是【切角圆柱体】，参数面板如图2-44所示。

重要参数介绍

半径：设置切角圆柱体的半径。

高度：设置沿着中心轴的维度。负值将在构造平面下面创建切角圆柱体。

圆角：斜切切角圆柱体的顶部和底部封口边。

高度分段：设置沿着相应轴的分段数量。

圆角分段：设置切角圆柱体圆角边时的分段数。

边数：设置切角圆柱体周围的边数。

端面分段：设置沿着切角圆柱体顶部和底部的中心以及同心分段的数量。

图2-44

【制作步骤】

01 执行 （创建）→ ◎（几何体）→扩展基本体→ 切角圆柱体 ，在视图中单击鼠标左键并拖曳，创建一个切角圆柱体，如图2-45所示。

02 单击 ✐（修改）按钮，进入修改面板，打开【参数】卷展栏，设置【半径】为450mm、【高度】为55mm、【圆角】为3、【圆角分段】为2、【边数】为36，如图2-46所示。

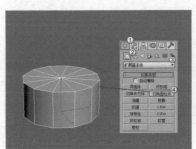

图2-45

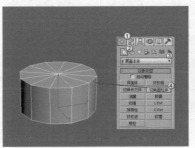

图2-46

03 执行 ✴ （创建）→ ◎（几何体）→标准基本体→ 管状体 ，在视图中单击鼠标左键并拖曳光标创建一个切角圆柱体，如图2-47所示，将管状体移动到切角圆柱体的正下方，如图2-48所示。

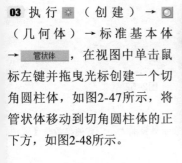

图2-47

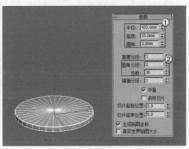

图2-48

基础建模技术

中文版 3ds Max/VRay 效果图制作案例教程（微课版）

技巧与提示

这里必须将管状体和切角圆柱体的中心在z轴上对齐，可以采用控制物体坐标点的方法来进行位置的确认。

第1步：选择切角圆柱体，单击 （选择并移动）按钮，在状态栏中设置坐标x=0，y=0，如图2-49所示。

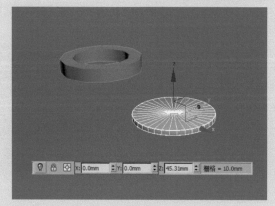

图2-49

第2步：选择管状体，执行相同的操作，如图2-50所示。

第3步：这时，两个物体的中心在z轴上都对齐了，然后，使用【对齐】工具 处理好两者之间的位置关系，如图2-51所示。

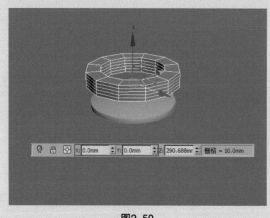

图2-50

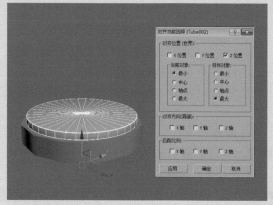

图2-51

04 单击 （修改）按钮，进入修改面板，设置【半径1】为395mm、【半径2】为450mm、【高度】为150mm、【边数】为3，勾选【启用切片】选项，设置【切片起始位置】为0、【切片结束位置】为330，如图2-52所示。

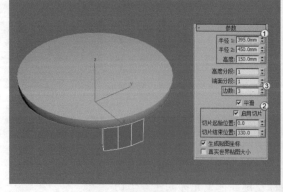

图2-52

技巧与提示

在【管状体】的【参数】卷展栏中，【半径1】表示内径的大小，【半径2】表示外径的大小，其他参数与【圆柱体】相同。

05 选中管状体，切换到顶视图，按A键激活 🔺（角度捕捉切换），按E键激活 🔄（选择并旋转），按住Shift键将管状体顺时针旋转90°，打开【克隆选项】对话框，选择【实例】，设置【副本数】为3，单击 确定 按钮，如图2-53所示，切换到透视图，茶几模型如图2-54所示。

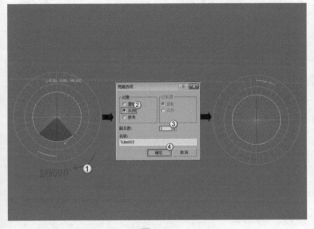

图2-53   图2-54

技巧与提示

在透视图中选中对象，按快捷键Alt+W切换到四视图，按鼠标中间键选择顶视图，这样可以在切换到顶视图时，使对象仍处于选中状态。

【案例总结】

本案例是通过制作一个茶几模型来介绍【切角圆柱体】和【管状体】的创建方法和修改方法。另外，合理地运用坐标点，可以更好的控制模型的位置，提高对齐等常用操作的效率。

拓展练习

场景位置	无
实例位置	练习 > 实例文件 >CH02> 练习 15.max
视频文件	多媒体教学 >CH02> 练习 15.mp4

扫码观看视频

这也是一个制作茶几的练习，制作分析如图2-55所示。

第1步：使用 管状体 创建一个管状体模型，将其切割一半。

第2步：将管状体模型旋转90°复制一个，组成茶几支架。

第3步：使用 切角圆柱体 创建一个切角圆柱体，作为茶几的台面。

最终效果图

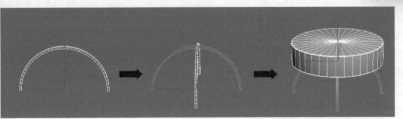

图2-55

31

案例 16
烛台

场景位置	无
实例位置	案例 > 实例文件 >CH02> 案例 16.max
视频文件	多媒体教学 >CH02> 案例 16.mp4
技术掌握	线工具 线、编辑顶点的方法

扫码观看视频

【制作分析】

对烛台进行分析，烛台由底座、支架和托盘构成，其中底座和托盘可以由【切角圆柱体】和【管状体】制作，支架是流线型的柱状，使用【线工具】绘制是最快捷的一种方法。

【重点工具】

本例介绍的重点工具是【线】，参数面板如图2-56所示。

重要参数介绍

①【渲染】卷展栏

在渲染中启用：勾选该选项才能渲染出样条线；若不勾选，将不能渲染出样条线。

在视口中启用：勾选该选项后，样条线会以网格的形式显示在视图中。

视口/渲染：当勾选【在视口中启用】选项时，样条线将显示在视图中；当同时勾选【在视口中启用】和【渲染】选项时，样条线在视图中和渲染中都可以显示出来。

径向：将3D网格显示为圆柱形对象，其参数包含【厚度】、【边】和【角度】。

最终效果图

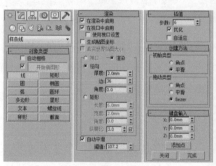

图2-56

矩形：将3D网格显示为矩形对象，其参数包含【长度】、【宽度】、【角度】和【纵横比】。

自动平滑：启用该选项可以激活下面的【阈值】选项，调整【阈值】数值可以自动平滑样条线。

②【创建方法】卷展栏

初始类型：指定创建第1个顶点的类型，共有【角点】和【平滑】两个选项。

拖动类型：当拖曳顶点位置时，设置所创建顶点的类型。

角点：通过顶点产生一个没有弧度的尖角。

平滑：通过顶点产生一条平滑、不可调整的曲线。

Bezier：通过顶点产生一条平滑、可以调整的曲线。

【制作步骤】

01 切换到前视图，执行 ✲（创建）→ ◙（图形）→ 线 ，设置【初始类型】为【平滑】、【拖动类型】为【平滑】，在前视图中单击鼠标左键并拖曳鼠标绘制一条样条线，如图2-57所示。

技巧与提示

绘制完轨迹后，单击鼠标右键即可完成创建。

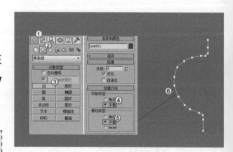

图2-57

02 单击 ◙（修改）按钮，进入修改面板，单击 ⊡（顶点）按钮（快捷键为1），在前视图中使用 ✲（选择并移动）调整各个顶点的位置，将曲线调整为圆弧状，如图2-58所示。

中文版 3ds Max/VRay 效果图制作案例教程（微课版）

03 按1键退出【顶点】层级，打开【渲染】卷展栏，勾选【在渲染中启用】和【在视口中启用】选项，选择【径向】，设置【厚度】为2mm，如图2-59所示。

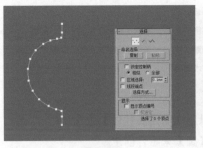

图2-58　　　　　　　　图2-59

技巧与提示

关于选择【顶点】的操作，在多边形建模技术中会详细介绍，这里只需要掌握顶点的调整操作即可。

04 执行 ✛（创建）→ ◯（几何体）→ 扩展基本体 → 切角圆柱体 ，在视图中创建一个切角圆柱体，作为底座，具体参数和位置如图2-60所示。

图2-60

技巧与提示

这里的参数是根据绘制的样条线的大小来进行设置的，在练习的时候，根据实际情况进行设置即可。

05 用同样的方法，继续使用 切角圆柱体 和 管状体 创建托盘，位置如图2-61所示，烛台模型如图2-62所示。

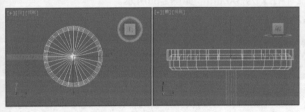

图2-61

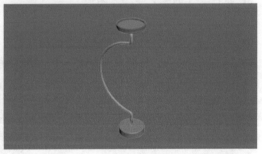

图2-62

【案例总结】

本案例是通过制作一个烛台模型来介绍【线】的创建方法和修改方法。本例的重点是【渲染】卷展栏中的参数的使用方法和编辑顶点的方法。

拓展练习

场景位置	无
实例位置	练习 > 实例文件 >CH02> 练习 16.max
视频文件	多媒体教学 >CH02> 练习 16.mp4

扫码观看视频

这是一个制作栏杆模型的练习，制作分析如图2-63所示。

第1步：在前视图中用 线 绘制出栏杆的轮廓。

第2步：设置每条线的【渲染】参数。

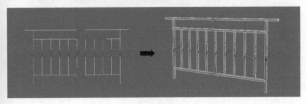

图2-63

最终效果图

案例 17
圆凳

场景位置	无
实例位置	案例 > 实例文件 >CH02> 案例 17.max
视频文件	多媒体教学 >CH02> 案例 17.mp4
技术掌握	圆工具 ⬜圆⬜ 、捕捉开关

扫码观看视频

【制作分析】

对圆凳进行分析，坐垫部分可以用【切角圆柱体】进行创建，支架部分则可以通过【线】和【圆】来组合创建。

【重点工具】

本例介绍的重点工具是【圆】，参数面板如图2-64所示。

重要参数介绍

半径：设置圆的半径。

技巧与提示

【圆】的其他参数与【线】基本相同。

最终效果图

图2-64

【制作步骤】

01 执行 ⬚（创建）→ ⬚（图形）→ ⬜圆⬜，在视图中单击鼠标左键并拖曳鼠标绘制一个圆，如图2-65所示。

02 单击 ⬚（修改）按钮，进入修改面板，设置【半径】为200mm，如图2-66所示。

03 切换到前视图，将圆向下复制一个，如图2-67所示。

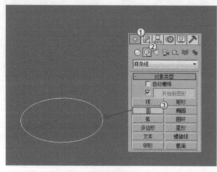
图2-65

图2-66

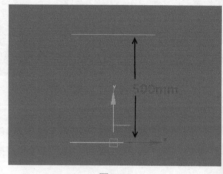
图2-67

技巧与提示

这里的距离可以通过两个圆的z坐标来确定。

04 在主工具栏的 ⬚（捕捉开关）上单击鼠标右键，打开【栅格和捕捉设置】对话框，勾选【顶点】，如图2-68所示。

技巧与提示

在【栅格与捕捉设置】对话框中可以选择捕捉的对象。

图2-68

05 按S键激活 🔒（捕捉开关），执行步骤 ✥（创建）→ 🖿（图形）→ 线 ，将光标 ▦ 吸附在圆的左右，在两个圆之间绘制一条直线，如图2-69所示。

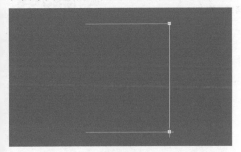

图2-69

技巧与提示

若在透视图中发现直线未与圆结合，中间有缝隙，可以在【渲染】卷展栏下设置【厚度】为0，如图2-70所示。

图2-70

06 用同样的方法在左侧绘制出一条直线，如图2-71所示。

07 切换到左视图，在圆的左右两边各绘制一条直线，如图2-72所示。

08 分别为直线和圆设置【渲染】参数，如图2-73所示。

09 使用 切角圆柱体 为圆凳创建一个坐垫，到此圆凳模型就制作完成了，具体参数如图2-74所示。

图2-71

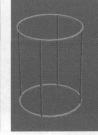

图2-72

图2-73

图2-74

【案例总结】

圆凳模型的制作方法有很多种，通常会使用【圆柱体】、【圆环】和【切角圆柱体】来制作。本例介绍的是使用【圆】、【线】和【切角圆柱体】来制作圆凳的方法，相对于前者，本例介绍的方法在操作上更方便简单。

拓展练习

场景位置	无
实例位置	练习 > 实例文件 >CH02> 练习 17.max
视频文件	多媒体教学 >CH02> 练习 17.mp4

扫码观看视频

这是一个制作咖啡桌的练习，制作分析如图2-75所示。

第1步：使用 线 和 圆 在视图中绘制出咖啡桌的框架。

第2步：为绘制出的线和圆设置【渲染】卷展栏的参数，将它们编辑为三维对象。

第3步：使用 圆柱体 创建桌面。

最终效果图

图2-75

案例 18 企业铭牌

场景位置	无
实例位置	案例 > 实例文件 >CH02> 案例 18.max
视频文件	多媒体教学 >CH02> 案例 18.mp4
技术掌握	圆工具 圆 、捕捉开关

扫码观看视频

【制作分析】

企业铭牌的重点是文字的建模，在3ds Max中，有专门针对字体模型的建模工具，即【文本】。

最终效果图

【重点工具】

本例介绍的重点工具是【文本】，参数面板如图2-76所示。

图2-76

重要参数介绍

斜体 *I*：单击该按钮可以将文本切换为斜体，如图2-77所示。

下划线 U：单击该按钮可以将文本切换为下划线文本，如图2-78所示。

左对齐：单击该按钮可以将文本对齐到边界框的左侧。

图2-77

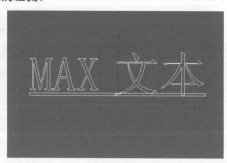

图2-78

居中：单击该按钮可以将文本对齐到边界框的中心。

右对齐：单击该按钮可以将文本对齐到边界框的右侧。

对正：分隔所有文本行以填充边界框的范围。

大小：设置文本高度，其默认值为100mm。

字间距：设置文字间的间距。

行间距：调整字行间的间距（只对多行文本起作用）。

文本：在此可以输入文本，若要输入多行文本，可以按Enter键切换到下一行。

【制作步骤】

01 切换到前视图，执行 ▣ (创建)→ ▣ (图形)→ ▭文本▭ ，在视图中单击鼠标左键创建一个文本对象，如图2-79所示。

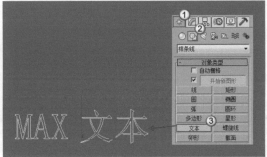

图2-79

02 单击 ▣ (修改)按钮，进入修改面板，选择【华文琥珀】，设置【大小】为300mm、【字间距】为50mm，在【文本】中输入【印象文化有限公司】，如图2-80所示。

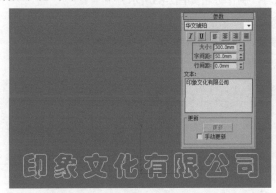

图2-80

03 打开【渲染】卷展栏，勾选【在渲染中启用】和【在视口中启用】选项，选择【矩形】，设置【长度】为50mm、【宽度】为15mm，如图2-81所示。

04 使用 ▭长方体▭ 为文本模型创建一个背景牌，如图2-82所示。

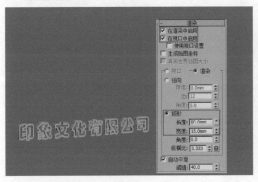

图2-81

图2-82

技巧与提示

【文本】常与【挤出】修改器结合使用，可以创建实心文本。关于【挤出】修改器，在下一章会进行介绍。

【案例总结】

本例主要介绍【文本】的使用方法，它可以快速高效地创建大部分文本模型，使用该工具是创建文本模型的一个捷径。

中文版 3ds Max/VRay 效果图制作案例教程（微课版）

拓展练习

场景位置	无
实例位置	练习 > 实例文件 >CH02> 练习 18.max
视频文件	多媒体教学 >CH02> 练习 18.mp4

扫码观看视频

最终效果图

这是一个制作牌匾的练习，制作分析如图2-83所示。

第1步：使用 文本 创建二维文字图形。

第2步：设置【渲染】参数，将二维图形转化为三维对象。

第3步：使用 长方体 创建牌匾模型框。

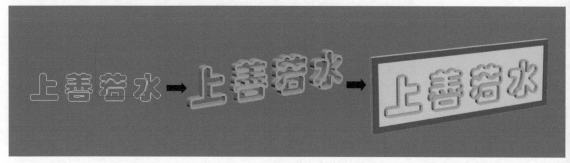

图2-83

第 03 章

高级建模技术

在上一章，介绍了 3ds Max 的基础建模技术，这些建模方法比较简单，使用几何体可以拼凑出简单的模型，但是用于创建生活中的不规则模型就显得力不从心了。本章介绍的高级建模技术主要包括常用的修改器、复合运算和多边形建模。复合对象主要介绍【布尔】和【放样】；修改器非常重要，它主要用于改变现有对象的创建参数、调整一个或一组对象的集合外形、进行子对象的选择和参数修改、转换参数对象为可编辑对象；多边形建模是 3ds Max 建模技术的核心内容，是当今主流的建模方式，同样也是效果图中最常用的一种建模方法，多边形建模在编辑上更灵活、更自由、更高效，对硬件要求也很低，掌握了多边形建模，基本就可以算是掌握了 3ds Max 的建模方法。

知识技法掌握

掌握修改器的加载方法

掌握【挤出】、【车削】、【弯曲】、【扭曲】、FFD 等常用修改器的使用方法

掌握【布尔】、【放样】复合运算建模方法

掌握转换多边形对象的方法

掌握多边形对象【顶点】、【边】和【多边形】层级中工具的使用方法

掌握多边形建模的边、顶点和面的编辑方法

掌握多边形建模的建模技巧

掌握平滑类修改器的使用方法

案例 19
挤出：装饰柱

场景位置	无
实例位置	案例 > 实例文件 >CH03> 案例 19.max
视频文件	多媒体教学 >CH03> 案例 19.mp4
技术掌握	星形工具、加载修改器的方法、【挤出】修改器

扫码观看视频

【制作分析】

装饰柱的难点在于柱身的波浪纹理，使用曲线工具【星形】可以模拟出柱身的横截面，使用【挤出】修改器可以沿曲线的法线方向挤出柱身。

【重点工具】

修改器在【修改】面板的【修改器列表】中，加载方法如图3-1所示。

第1步：选中需要加载修改器的对象。

第2步：切换到【修改】面板，在【修改器列表】中选择修改器。

本例的学习重点是【挤出】修改器，【挤出】修改器能为二维图形添加深度，如图3-2所示，参数面板如图3-3所示。

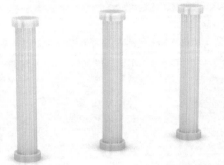
最终效果图

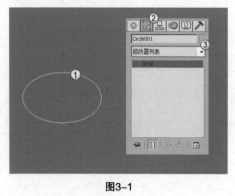

图3-1

图3-2

图3-3

重要参数介绍

数量：设置挤出的深度。

分段：指定要在挤出对象中创建的线段数目。

封口：用来设置挤出对象的封口。

封口始端：在挤出对象的初始端生成一个平面。

封口末端：在挤出对象的末端生成一个平面。

平滑：将平滑应用于挤出的图形。

【制作步骤】

01 执行 ▦（创建）→ ☑（图形）→ ▬星形▬，在视图中拖曳光标绘制一个星形图形，如图3-4所示。

 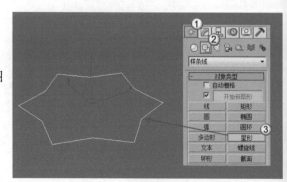

图3-4

02 单击 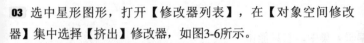（修改）按钮，进入修改面板，设置【半径1】为230mm、【半径2】为250mm、【点】为18、【圆角半径1】为20mm、【圆角半径2】为20mm，如图3-5所示。

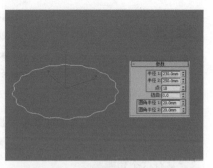

图3-5

03 选中星形图形，打开【修改器列表】，在【对象空间修改器】集中选择【挤出】修改器，如图3-6所示。

 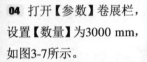
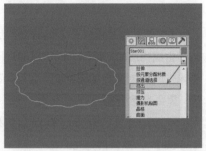

图3-6

04 打开【参数】卷展栏，设置【数量】为3000 mm，如图3-7所示。

05 使用 圆柱体 为装饰柱两端创建柱头，装饰柱模型如图3-8所示。

图3-7

图3-8

【案例总结】

本例介绍的是【挤出】修改器的使用方法，【挤出】修改器是使用频率特别高的修改器，它能快速地将二维图形沿法线方向挤出深度。【挤出】修改器只能用于线条构成的二维图形，其他对象是不能使用该修改器的。

拓展练习	场景位置	无
	实例位置	练习 > 实例文件 >CH03> 练习 19.max
	视频文件	多媒体教学 >CH03> 练习 19.mp4

扫码观看视频

这是一个制作扶梯的练习，制作思路如图3-9所示。

第1步：使用 线 和 在前视图中吸附栅格点，绘制阶梯的截面图形。

第2步：用同样的方法绘制扶手的截面图形。

第3步：分别为二维截面图形加载【挤出】修改器。

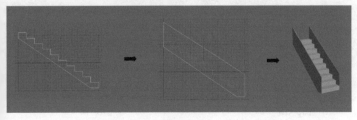

图3-9

最终效果图

案例 20
车削：水杯

场景位置	无
实例位置	案例 > 实例文件 >CH03> 案例 20.max
视频文件	多媒体教学 >CH03> 案例 20.mp4
技术掌握	【车削】修改器、Bezier 调整

扫码观看视频

【制作分析】

对水杯进行分析，水杯可以看作是由一条二维曲线围绕高度轴旋转360°形成的对象，在3ds Max中，【车削】修改器就具有这个功能。

【重点工具】

【车削】修改器位于【面/样条线编辑】集中，它只能作用于由线构成的二维图形，可以通过围绕坐标轴旋转一个图形来生成3D对象，如图3-10所示，参数面板如图3-11所示。

重要参数介绍

度数：设置对象围绕坐标轴旋转的角度，其范围从0°~360°，默认值为360°。

焊接内核：通过焊接旋转轴中的顶点来简化网格。

翻转法线：使物体的法线翻转，翻转后物体的内部会外翻。

分段：在起始点之间设置在曲面上创建的插补线段的数量。

封口：如果设置的车削对象的【度数】小于 360°，该选项用来控制是否在车削对象的内部创建封口。

封口始端：车削的起点，用来设置封口的最大程度。

封口末端：车削的终点，用来设置封口的最大程度。

方向：设置轴的旋转方向，共有x、y和z这3个轴可供选择。

对齐：设置对齐的方式，共有【最小】、【中心】和【最大】3种方式可供选择。

最终效果图

图3-10　　　　　图3-11

【制作步骤】

01 切换到前视图，执行步骤 ✛（创建）→ ◻（图形）→ 线 ，在视图中绘制一条样条线，如图3-12所示。

02 单击 ◪（修改）按钮，进入修改面板，按1键进入【点】层级，选择如图3-13所示的顶点，单击鼠标右键，选择Bezier，调整各个点，如图3-14所示。

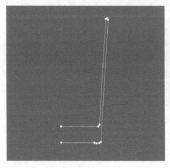

图3-12

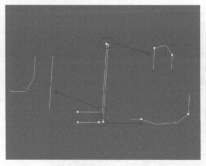

图3-13

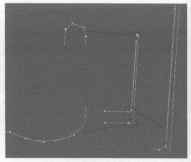

图3-14

技巧与提示

选择需要调节的顶点，然后单击鼠标右键，在弹出的菜单中可以观察到，除了【角点】选项以外，还有另外3个选项，分别是【Bezier角点】、【Bezier】和【平滑】选项，如图3-15所示。

平滑：如果选择该选项，则选择的顶点会自动平滑，但是不能继续调节角点的形状，如图3-16所示。

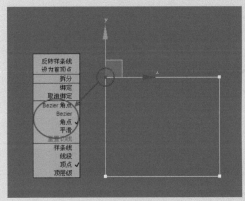

图3-15   图3-16

Bezier角点：如果选择该选项，则原始角点的形状保持不变，但会出现控制柄（两条滑杆）和两个可供调节方向的锚点，如图3-17所示。通过这两个锚点，可以用【选择并移动】工具 、【选择并旋转】工具 、【选择并均匀缩放】工具 等对锚点进行移动、旋转和缩放等操作，从而改变角点的形状，如图3-18所示。

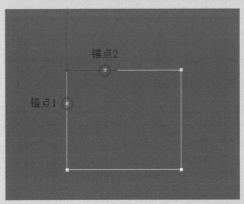
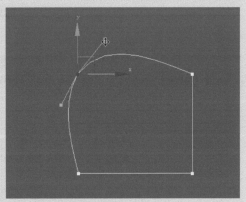

图3-17   图3-18

Bezier：如果选择该选项，则会改变原始角点的形状，同时也会出现控制柄和两个可供调节方向的锚点，如图3-19所示。同样通过这两个锚点，可以用【选择并移动】工具 、【选择并旋转】工具 、【选择并均匀缩放】工具 等对锚点进行移动、旋转和缩放等操作，从而改变角点的形状，如图3-20所示。

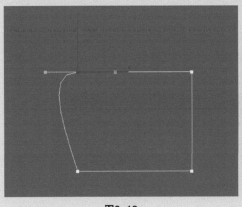
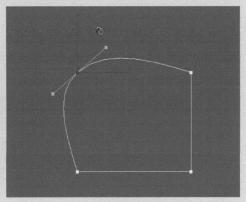

图3-19   图3-20

43

03 按P键切换到透视图，按1键退出【点】层级，选中二维图形，在【修改器列表】中选择【车削】修改器，设置【度数】为360，勾选【焊接内核】，设置【分段】为24，单击 z 按钮，再单击 最小 按钮，此时水杯模型制作完成，如图3-21所示。

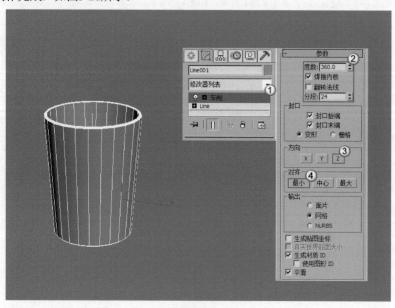

图3-21

【案例总结】

　　【车削】修改器是一个非常简单但又很实用的修改器。使用【车削】修改器的前提是对线形的操作很熟练，所以【车削】修改器并不难，难点在于如何使用【线】绘制出准确的二维图形。

拓展练习	场景位置	无
	实例位置	练习 > 实例文件 >CH03> 练习 20.max
	视频文件	多媒体教学 >CH03> 练习 20.mp4

扫码观看视频

　　这是一个制作盘子的练习，制作思路如图3-22所示。

第1步：在前视图中使用 线 绘制一条截面图形。

第2步：为二维图形加载一个【车削】修改器。

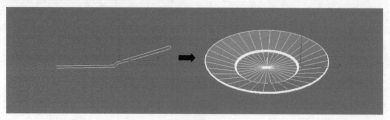

图3-22

案例 21
放样：窗帘

场景位置	无
实例位置	案例 > 实例文件 >CH03> 案例 21.max
视频文件	多媒体教学 >CH03> 案例 21.mp4
技术掌握	放样工具 放样 、编辑放样对象的方法

【制作分析】

对窗帘进行分析，展开窗帘，可以将窗帘看着是由一条截面曲线挤出的对象，而与挤出不同的是，窗帘的中间是可以聚合到一起的，所以可以使用【放样】工具来模拟挤出和收拢。

【重点工具】

本例介绍的工具是【放样】，其操作方法比较特别，如图3-23所示，切换到【修改】面板，在【变形】卷展栏下可以对对象进行编辑，参数面板如图3-24所示。

重要参数介绍

缩放 缩放 ：使用【缩放】变形可以从单个图形中放样对象，该图形在其沿着路径移动时只改变其缩放。

扭曲 扭曲 ：使用【扭曲】变形可以沿着对象的长度创建盘旋或扭曲的对象，扭曲将沿着路径指定旋转量。

图3-23

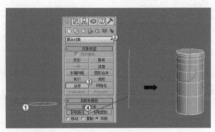

图3-24

最终效果图

倾斜 倾斜 ：使用【倾斜】变形可以围绕局部x轴和y轴旋转图形。

倒角 倒角 ：使用【倒角】变形可以制作出具有倒角效果的对象。

拟合 拟合 ：使用【拟合】变形可以使用两条拟合曲线来定义对象的顶部和侧剖面。

【制作步骤】

01 切换到顶视图，执行步骤 ✱（创建）→ ◙（图形）→ 线 ，在视图中绘制一条样条线，如图3-25所示，选中样条线，单击鼠标右键，选择Bezier，效果如图3-26所示。

02 切换到前视图，使用 线 绘制一条直线，如图3-27所示。

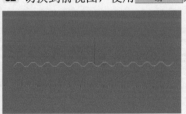

图3-25

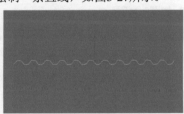

图3-26

图3-27

03 选中第1条样条线，单击◙（几何体）按钮，选择【复合对象】，单击 放样 按钮，单击 获取路径 按钮，拾取直线，此时得到窗帘对象，如图3-28所示。

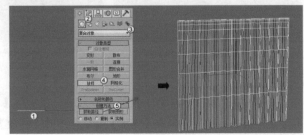

图3-28

技巧与提示

如果感觉窗帘的高度不够，可以选中作为路径的直线，然后进入【点】层级，对点进行调整；如果对褶皱不满意，可以选中作为截面的样条线，然后进入【点】层级，对点进行调整。

04 单击 🖾（修改）按钮，进入修改面板，打开【变形】卷展栏，单击 缩放 按钮，打开【缩放变形】对话框，如图3-29所示。

05 单击 🖼（插入角点）按钮，在控制线上插入一个角点，然后调整各个角点的位置以及形状，如图3-30所示，窗帘模型如图3-31所示。

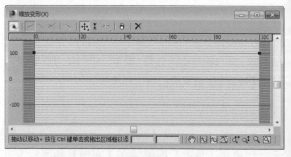

图3-29

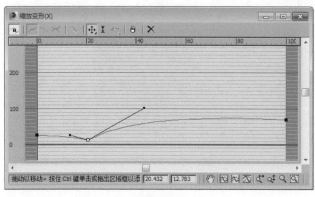

图3-30

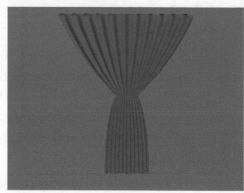

图3-31

技巧与提示

此处有捷径，可以结合视图中的模型对应着调整，调整时，要有耐心。

06 选中作为"截面"的样条线，切换到前视图，然后选中如图3-32所示的顶点，按Delete键将它们删除，得到窗帘的一半，如图3-33所示。

07 使用 🖼（镜像）复制一个窗帘模型，如图3-34所示。

图3-32

图3-33

图3-34

【案例总结】

本例主要介绍【放样】工具的使用方法。在使用【放样】工具建模时，必须了解【截面】与【路径】之间的关系，同时掌握【变形】卷展栏下的【缩放】命令的使用方法。相对于前面学习的修改器，【放样】工具的重点在于操作，而不是参数。

<table>
<tr><td>场景位置</td><td>无</td></tr>
<tr><td>实例位置</td><td>练习 > 实例文件 >CH03> 练习 21.max</td></tr>
<tr><td>视频文件</td><td>多媒体教学 >CH03> 练习 21.mp4</td></tr>
</table>

拓展练习

扫码观看视频

这是一个制作桌布的练习，制作思路如图3-35~图3-37所示。

第1步：使用 线 、 圆 和 星形 工具在视图中绘制分别绘制一个圆、一个星形图形和一条直线。

第2步：选中直线，使用 放样 工具，通过 获取图形 选择圆。

第3步：选中放样后的对象，在【路径参数】卷展栏中设置【路径】为80（表示80%的路径），然后通过 获取图形 选择星形。

第4步：为了逼真地表现桌布，可以使用【变形】卷展栏的 倒角 按钮调整桌布模型。

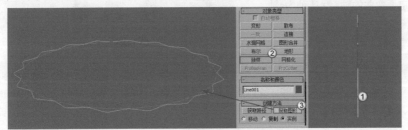

图3-35

图3-36

图3-37

案例 22
弯曲：水龙头

场景位置	无
实例位置	案例 > 实例文件 >CH03> 案例 22.max
视频文件	多媒体教学 >CH03> 案例 22.mp4
技术掌握	放样工具 放样 、编辑放样对象的方法

【制作分析】

对水龙头进行分析，其制作原理还是拼接几何体，即使用【切角圆柱体】和【圆柱体】组合成水龙头，本例的重点是使用【弯曲】修改器使水龙头的前端弯曲。

【重点工具】

本例的重点工具是【弯曲】修改器，它位于【参数化修改器】集中。【弯曲】修改器可以使物体在任意3个轴上控制弯曲的角度和方向，也可以对几何体的一段限制弯曲效果，如图3-38所示，参数面板如图3-39所示。

最终效果图

常用参数介绍

角度：从顶点平面设置要弯曲的角度，范围从-999999~999999。

方向：设置弯曲相对于水平面的方向，范围从-999999~999999。

X/Y/Z：指定要弯曲的轴，默认轴为z轴。

图3-38

图3-39

【制作步骤】

01 执行步骤 （创建）→ （几何体）→ 圆柱体 ，在视图中创建一个圆柱体，设置【半径】为15mm、【高度】为400mm、【高度分段】为12、【边数】为18，如图3-40所示。

> **技巧与提示**
>
> 在使用【弯曲】修改器时，弯曲轴的分段与弯曲效果有直接的关系，而本例是以z轴为弯曲轴，所以设置了【高度】分段。

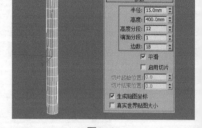

图3-40

02 单击 （修改）按钮，进入修改面板，在【修改器列表】中选择【弯曲】修改器，设置【角度】为160，选择z轴，如图3-41所示。

03 按住Shift键将弯曲的圆柱体沿z轴向下移动，复制一个弯曲的圆柱体，选中复制的圆柱体，在Blend上单击鼠标右键，选择【删除】，将【弯曲】修改器删除，使用 （对齐）工具调整两个圆柱体的位置，如图3-42所示。

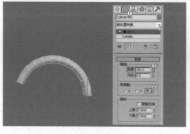

图3-41

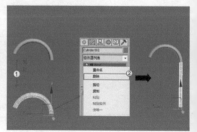

图3-42

> **技巧与提示**
>
> 删除修改器通常使用以上方法。

04 执行 ▣ (创建)→ ▢ (几何体)→扩展基本体→ 切角圆柱体 ,在视图中创建一个切角圆柱体,设置【半径】为40mm、【高度】为180mm、【圆角】为5mm、【圆角分段】为3、【边数】为18,调整其位置,如图3-43所示。

05 将切角圆柱体沿z轴向下复制一个,修改它的【半径】为55mm、【高度】为20mm,调整其位置,如图3-44所示。

06 按住Shift键将第1个切角圆柱体旋转-90°,复制一个切角圆柱体,调整其位置,修改【半径】为25mm、【高度】为90mm,如图3-45所示。

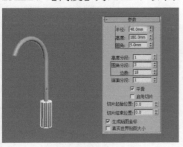 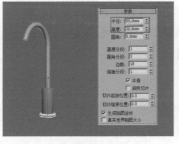 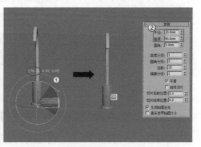

图3-43   图3-44   图3-45

07 选择新复制的切角圆柱体,按住shift键将其y轴向右移动,复制一个切角圆柱体,调整其位置,设置【半径】为30mm、【高度】为35mm、【圆角】为2mm,如图3-46所示。

08 将未弯曲的圆柱体复制一个,调整其位置,修改【半径】为7mm、【高度】为100mm,如图3-47所示。此时水龙头模型就制作完成了。

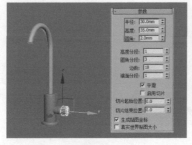 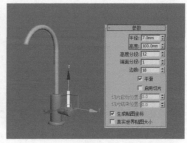

图3-46   图3-47

【案例总结】

本例通过制作水龙头模型介绍了【弯曲】修改器的使用方法,同时,本例多次使用了复制功能,这样可以提高建模的效率。需要特别注意的是,弯曲的效果与弯曲轴的分段数有关:分段数越多,弯曲效果越好,反之则越差。

拓展练习

场景位置	无
实例位置	练习 > 实例文件 >CH03> 练习 22.max
视频文件	多媒体教学 >CH03> 练习 22.mp4

扫码观看视频

这是一个制作回廊的练习,制作思路如图3-48所示。

第1步:使用 长方体 创建一个长方体,设置好其分段。

第2步:为长方体加载一个【弯曲】修改器,将长方体编辑为拱形形状。

第3步:使用 长方体 和【复制功能】拼接出回廊模型。

最终效果图

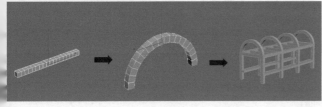

图3-48

扫码观看视频

案例 23
扭曲：花瓶

场景位置	无
实例位置	案例 > 实例文件 >CH03> 案例 23.max
视频文件	多媒体教学 >CH03> 案例 23.mp4
技术掌握	【锥化】修改器、【扭曲】修改器、【壳】修改器

【制作分析】

　　对花瓶进行分析，花瓶整体形态是一个锥形，最明显的特征是扭曲状的纹理。所以，使用前面学习的【挤出】修改器挤出瓶身，然后使用【锥化】修改器将花瓶锥形化，再使用【扭曲】将纹理扭曲，这样便能制作出花瓶模型。

【重点工具】

　　本例介绍的重点工具是【扭曲】修改器，【扭曲】修改器可以在对象几何体中产生一个旋转效果（类似于拧湿抹布），并且可以控制任意3个轴上的扭曲角度，同时也可以对几何体的一段限制扭曲效果，如图3-49所示，参数面板如图3-50所示。

最终效果图

技巧与提示

　　【扭曲】修改器其与【弯曲】修改器的参数类似，使用方法也类似。

  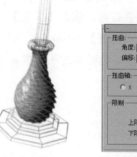

图3-49　　　　　　　　　　　　　　　　　　　图3-50

【制作步骤】

01 执行步骤 ⊕（创建）→ ⬚（图形）→ 星形 ，在视图中拖曳光标绘制一个星形图形，设置【半径1】为60mm、【半径2】为55mm、【点】为18、【圆角半径1】为2mm、【圆角半径2】为2mm，如图3-51所示。

02 单击 ⬚（修改）按钮，进入修改面板，在【修改器列表】中选择【挤出】修改器，设置【数量】为200mm、【分段】为18，取消勾选【封口始端】和【封口末端】选项，如图3-52所示。

图3-51

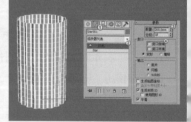
图3-52

03 在【修改器列表】中选择【锥化】修改器，设置【数量】为-0.5、【曲线】为-1.5，如图3-53所示。

技巧与提示

　　【锥化】修改器通过缩放对象几何体的两端产生锥化轮廓，使用方法与【弯曲】修改器类似。【数量】控制对象的末端大小，正值放大，负值缩小；【曲线】控制锥化的效果，正值向外凸出，负值向内凹陷。

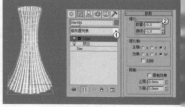
图3-53

04 在【修改器列表】中选择【扭曲】修改器，设置【角度】为180，如图3-54所示。

05 在【修改器】列表中选择【壳】修改器，设置【外部量】为1mm，如图3-55所示。

06 按步骤01的方法和参数创建一个星形图形，为其加载一个【挤出】修改器，设置【数量】为1mm，勾选【封口始端】和【封口末端】选项，使用 ▣（对齐）工具将它移动到花瓶模型底端作为瓶底，如图3-56所示。此时，花瓶模型制作完成。

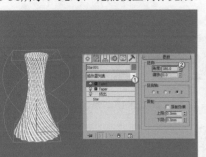

图3-54

图3-55

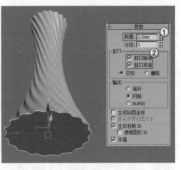

图3-56

技巧与提示

【壳】修改器可以为面片添加厚度，【内部量】表示向内添加厚度，【外部量】表示向外添加厚度。

【案例总结】

本例通过制作花瓶模型介绍了【锥化】、【扭曲】和【壳】修改器的使用方法。在掌握这些修改器的同时，还应掌握多种修改器搭配使用的建模方式。值得注意的是，多种修改器同时使用时，使用顺序一定要符合建模逻辑，因为不同的修改器顺序，模型的效果不一定相同。

拓展练习

场景位置	无
实例位置	练习 > 实例文件 >CH03> 练习 23.max
视频文件	多媒体教学 >CH03> 练习 23.mp4

这是一个制作罗马柱的练习，制作思路如图3-58所示。

第1步：使用 <u>星形</u> 在视图中绘制一个星形图形。

第2步：为图形加载一个【挤出】修改器，并设置【分段】参数。

第3步：为对象加载一个【扭曲】修改器，并设置参数。

第4步：制作罗马柱两端的柱头。

最终效果图

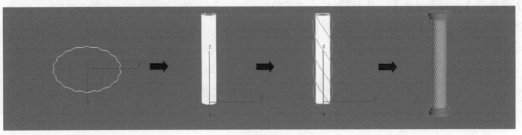

图3-57

案例 24
噪波：游泳池

场景位置	无
实例位置	案例 > 实例文件 >CH03> 案例 24.max
视频文件	多媒体教学 >CH03> 案例 24.mp4
技术掌握	【噪波】修改器、【多边形选择】修改器

扫码观看视频

【制作分析】

本例的重点是池水的制作，池水的最大特点是波浪，在3ds Max中，使用【噪波】修改器能模拟池水表面不规则的波浪形态。

【重点工具】

本例介绍的重点工具是【噪波】修改器。【噪波】修改器可以使对象表面的顶点进行随机变动，从而让表面变得起伏不规则，常用于制作复杂的地形、地面和水面效果，参数面板如图3-58所示。

重要参数介绍

种子：从设置的数值中生成一个随机起始点。该参数在创建地形时非常有用，因为每种设置都可以生成不同的效果。

比例：设置噪波影响的大小（不是强度）。较大的值可以产生平滑的噪波，较小的值可以产生锯齿现象非常严重的噪波。

分形：控制是否产生分形效果。勾选该选项以后，下面的【粗糙度】和【迭代次数】选项才可用。

粗糙度：决定分形变化的程度。

迭代次数：控制分形功能所使用的迭代数目。

X/Y/Z：设置噪波在x/y/z坐标轴上的强度（至少为其中一个坐标轴输入强度数值）。

最终效果图

图3-58

【制作步骤】

01 执行 ■（创建）→ ○（几何体）→ 长方体 ，在视图中创建一个长方体，设置【长度】为10 000mm、【宽度】为6 500mm、【高度】为1 400mm、【长度分段】为50、【宽度分段】为32，如图3-40所示。

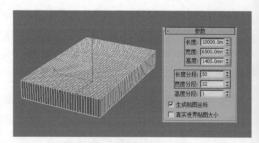

图3-59

技巧与提示

之所以设置【长度分段】和【宽度】分段，是因为要在x、y轴进行"噪波"处理。

02 单击 ■（修改）按钮，进入修改面板，在【修改器列表】中选择【多边形选择】，按4键激活 ■（多边形），切换到前视图，框选整个模型，选择所有面，如图3-60所示。

技巧与提示

【多边形选择】修改器可以将对象多边形化，可以选择对象的【点】、【边】、【边界】、【多边形】和【元素】，但不可编辑。

图3-60

03 按住Alt键，框选除了顶面的所有面，减选它们，如图3-61所示，这样就只选择了顶部的面。

04 切换到透视图（用中键选择视图不会取消面的选择），在【修改器列表】中选择【噪波】修改器，
设置【比例】为500，勾选【分形】选项，设置【强度】x为150mm、y为150mm、z为200mm，如图3-62所示，此时池水的波浪就制作完成了。

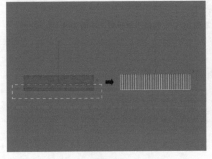

图3-61

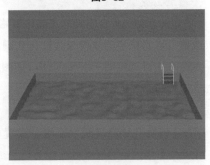

图3-62

05 使用 长方体 和 线 工具制作出游泳池的其他部分，如图3-63所示。

技巧与提示

这里可以通过 长方体 创建高度相等的长方体将池水模型围起来，构成一个泳池，然后使用 线 创建扶梯模型，具体创建方法可以参考多媒体教学视频。

图3-63

【案例总结】

本例通过制作游泳池介绍了【噪波】和【多边形选择】修改器的使用方法。【噪波】修改器是表现凹凸效果的不错选择，在使用时应该注意对象是什么（如本例是顶部的面，而不是整个模型）。同时，通过本例熟悉多边形对象的结构，方便以后多边形建模的学习。

拓展练习

场景位置	无
实例位置	练习 > 实例文件 >CH03> 练习 24.max
视频文件	多媒体教学 >CH03> 练习 24.mp4

扫码观看视频

这是一个制作床垫的练习，制作思路如图3-64所示。

第1步：使用 切角长方体 创建一个切角长方体，设置分段数。

第2步：为切角长方体加载一个【多边形选择】修改器，选择顶部的所有面。

第3步：为选择的面加载一个【噪波】修改器，设置参数。

最终效果图

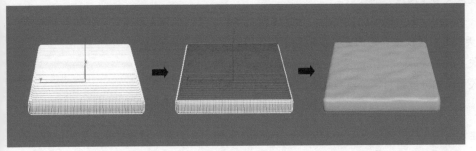

图3-64

案例 25
晶格：防护窗

场景位置	无
实例位置	案例 > 实例文件 >CH03> 案例 25.max
视频文件	多媒体教学 >CH03> 案例 25.mp4
技术掌握	【晶格】修改器、平面工具 `平面`

【制作分析】

防护窗是由长方体或圆柱体构成的网格状对象，可以使用【长方体】工具或【圆柱体】工具进行建模，但较为耗时，本例将用【晶格】修改器，可以快速地制作这类模型。

【重点工具】

本例介绍的重点工具是【晶格】修改器。【晶格】修改器可以将图形的线段或边转化为圆柱形结构，并在顶点上产生可选择的关节多面体，如图3-65所示，参数面板如图3-66所示。

重要参数介绍

几何体：该选项组主要用于设置【晶格】修改器的应用对象。

应用于整个对象：将【晶格】修改器应用到对象的所有边或线段上。

仅来自顶点的节点：仅显示由原始网格顶点产生的关节（多面体）。

仅来自边的支柱：仅显示由原始网格线段产生的支柱（多面体）。

最终效果图

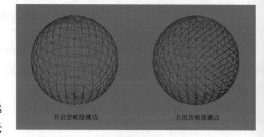

图3-65　　　　　　　　图3-66

二者：显示支柱和关节。

支柱：主要设置结构（边）的参数。

半径：指定结构的半径。

分段：指定沿结构的分段数目。

边数：指定结构边界的边数目。

忽略隐藏边：仅生成可视边的结构。如果禁用该选项，将生成所有边的结构，包括不可见边，图3-67所示是开启与关闭【忽略隐藏边】选项时的对比效果。

图3-67

节点：主要设置关节（顶点）的参数。

基点面类型：指定用于关节的多面体类型，包括【四面体】、【八面体】和【二十面体】3种类型。注意，【基点面类型】对【仅来自边的支柱】选项不起作用。

半径：设置关节的半径。

分段：指定关节中的分段数目。分段数越多，关节形状越接近球形。

【制作步骤】

01 执行 ✳（创建）→ ◎（几何体）→ `平面`，在前视图中创建一个平面，设置【长度】为1 000mm、【宽度】为1 200mm、【长度分段】为2、【宽度分段】为7，如图3-68所示。

02 切换到透视图，在【修改器列表】中选择【晶格】修改器，选择【仅来自边的支柱】，设置【半径】为10mm、【边数】为18，勾选【末端封口】和【平滑】选项，如图3-69所示。

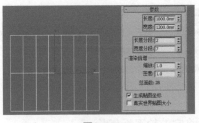

图3-68

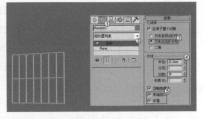

图3-69

技巧与提示

【平面】的参数与【长方体】大致相同，不同的是【平面】没【高度】。

03 切换到前视图，执行 ✿（创建）→ ⓒ（图形）→ 矩形 ，在视图中绘制一个矩形，如图3-70所示。

04 切换到透视图，单击 ☑（修改）按钮，打开【渲染】卷展栏，勾选【在渲染中启用】和【在视口中启用】选项，选择【矩形】，设置【长度】为25mm、【宽度】为25mm，打开【参数】卷展栏，设置【长度】为1 000mm、【宽度】为1 200mm，如图3-71所示。

05 使用 Ⓑ（对齐）将两个模型结合到一起，如图3-72所示。

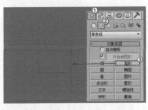

图3-70

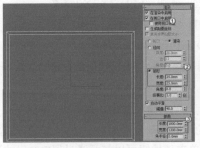

图3-71

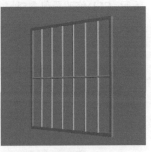

图3-72

技巧与提示

【参数】卷展栏的参数是用于设置矩形大小的。

【案例总结】

本例通过制作防护窗介绍了【晶格】修改器的使用方法。【晶格】修改器比较简单，常用于制作网格状的对象，可以达到事半功倍的效果。

拓展练习

场景位置	无
实例位置	练习 > 实例文件 >CH03> 练习 25.max
视频文件	多媒体教学 >CH03> 练习 25.mp4

这是一个制作笔筒的练习，制作思路如图3-73所示。

第1步：使用 圆柱体 在视图中创建一个圆柱体，设置好分段数。

第2步：为圆柱体加载一个【扭曲】修改器，并设置参数。

第3步：为对象加载一个【晶格】修改器，并设置参数。

第4步：使用 圆柱体 和 管状体 制作筒底和筒口。

最终效果图

图3-73

案例 26
FFD：枕头

场景位置	无
实例位置	案例 > 实例文件 >CH03> 案例 26.max
视频文件	多媒体教学 >CH03> 案例 26.mp4
技术掌握	FFD 修改器、编辑控制点的方法

【制作分析】

　　枕头的形态是不规则的，但可以将它的轮廓看作长方体。在制作过程中，可以考虑先创建一个长方体，然后对长方体进行变形处理。

【重点工具】

　　本例介绍的重点工具是FFD修改器（自由变形），这种修改器是使用晶格框包围住选中的几何体，然后通过调整晶格的控制点来改变封闭几何体的形状，如图3-74所示。FFD修改器包含5种类型，分别为FFD 2×2×2修改器、FFD 3×3×3修改器、FFD 4×4×4修改器、FFD（长方体）修改器和FFD（圆柱体）修改器，如图3-75所示。

最终效果图

　　FFD修改器的使用方法基本都相同，本例使用的是FFD（长方体），参数设置面板如图3-76所示。

重要参数介绍

　　尺寸：主要用于设置控制点的数量，常用选项有以下两个。

　　点数：显示晶格中当前的控制点数目，如4×4×4、2×2×2等。

　　设置点数 【设置点数】：单击该按钮可以打开【设置FFD尺寸】对话框，在该对话框中可以设置晶格中所需控制点的数目，如图3-77所示。

| 图3-74 | 图3-75 | 图3-76 | 图3-77 |

　　变形：该选项组常用的选项有以下3个。

　　仅在体内：只有位于源体积内的顶点会变形。

　　所有顶点：所有顶点都会变形。

　　张力/连续性：调整变形样条线的张力和连续性。虽然无法看到FFD中的样条线，但晶格和控制点代表着控制样条线的结构。

　　选择选项：主要用于指定特定方向轴的控制点。

　　全部X 全部X /全部Y 全部Y /全部Z 全部Z ：选中沿着由这些轴指定的局部维度的所有控制点。

【制作步骤】

01 执行 ✛ （创建）→ ◯ （几何体）→扩展基本体→ 切角长方体 ，在视图中创建一个切角长方体，设置【长度】为370mm、【宽度】为500mm、【高度】为130mm、【圆角】为40mm、【长度分段】为6、【宽度分段】为9、【高度分段】为2、【圆角分段】为3，如图3-78所示。

02 在【修改器列表】选择FFD（长方体）修改器，单击 <u>设置点数</u> 按钮，打开【设置FFD尺寸】对话框，设置【设置点数】为5×5×3，如图3-79所示。

03 切换到顶视图，按1键进入【控制点】级层（或者在修改器堆栈中选择 ▬ 控制点），框选4个角上的控制点，使用 ▣（选择并均匀缩放）在xy平面上进行放大，如图3-80所示。

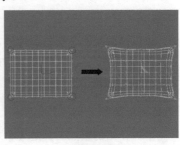

图3-78   图3-79   图3-80

技巧与提示

在使用FFD修改器时，必须保证对象有足够的分段数，否则，对象不会产生理想的变化。

04 切换到前视图，框选如图3-81所示的控制点（按住Ctrl键可以加选对象），使用 ▣（选择并均匀缩放）在y轴上进行缩小。

05 切换到左视图，框选如图3-82所示的控制点，使用 ▣（选择并均匀缩放）在y轴上进行缩小，至此，枕头模型基本制作完成，用户可以根据自身喜好和实际情况微调相应控制点的位置，枕头模型如图3-83所示。

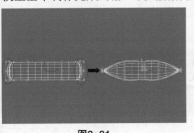
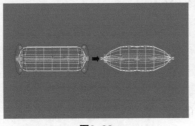
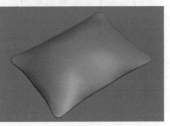

图3-81   图3-82   图3-83

【案例总结】

本例通过制作枕头模型，介绍了FFD修改器的使用方法。在使用FFD修改器建模时，要合理地设置分段数，分段越多，模型的可调性越强，但操作性越烦琐。

拓展练习

场景位置	无
实例位置	练习 > 实例文件 >CH03> 练习 26.max
视频文件	多媒体教学 >CH03> 练习 26.mp4

扫码观看视频

这是一个制作抱枕的练习，制作思路如图3-84所示。

第1步：使用 <u>切角长方体</u> 创建一个切角长方体，设置分段数。

第2步：为切角长方体加载一个FFD（长方体）修改器，设置【控制点】的数量。

第3步：选择中间一圈的控制点，在xy平面向外放大。

第4步：选中外围的所有控制点，在y轴进行缩小，根据个人爱好调整其他控制点。

最终效果图

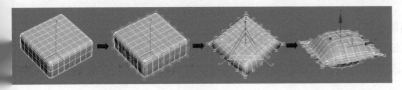

图3-84

案例 27
布尔：垃圾桶

场景位置	无
实例位置	案例 > 实例文件 >CH03> 案例 27.max
视频文件	多媒体教学 >CH03> 案例 27.mp4
技术掌握	布尔工具 布尔 、塌陷工具 塌陷

扫码观看视频

【制作分析】

垃圾桶就是一个切角圆柱体，不同的是它有一个用于投放垃圾的"入口"。在制作时，可以考虑在切角圆柱体上直接抠出一个口子。

【重点工具】

本例介绍的重点工具是【布尔】。【布尔】是一种复合建模方法，可以通过对两个或两个以上的对象进行并集、差集、交集运算，从而得到新的物体形态。【布尔】工具的使用方法如图3-85所示。

第1步：在视图中选中对象A（球体）。

第2步：在【创建】面板中选择【复合对象】。

第3步：单击 布尔 按钮，单击 拾取操作对象B 按钮，在视图选择对象B（立方体）。

第4步：选择想要的运算方式得到最终运算结果。

【布尔】的参数设置面板如图3-86所示。

最终效果图

重要参数介绍

拾取运算对象B 拾取操作对象 B ：单击该按钮可以在场景中选择另一个运算物体来完成【布尔】运算。以下4个选项用来控制运算对象B的方式，必须在拾取运算对象B之前确定采用哪种方式。

参考： 将原始对象的参考复制品作为运算对象B，若以后改变原始对象，同时也会改变布尔物体中的运算对象B，但是改变运算对象B时，不会改变原始对象。

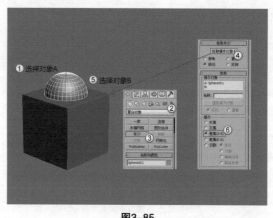

图3-85

图3-86

复制： 复制一个原始对象作为运算对象B，而不改变原始对象（当原始对象还要用在其他地方时采用这种方式）。

移动： 将原始对象直接作为运算对象B，而原始对象本身不再存在（当原始对象无其他用途时采用这种方式）。

实例： 将原始对象的关联复制品作为运算对象B，若以后对两者的任意一个对象进行修改时都会影响另一个。

操作对象： 主要用来显示当前运算对象的名称。

操作： 指定采用何种方式来进行【布尔】运算。

并集： 将两个对象合并，相交的部分将被删除，运算完成后两个物体将合并为一个物体，如图3-87所示。

中文版 3ds Max/VRay 效果图制作案例教程（微课版）

交集：将两个对象相交的部分保留下来，删除不相交的部分，如图3-88所示。

差集（A-B）：在A物体中减去与B物体重合的部分，如图3-89所示。

差集（B-A）：在B物体中减去与A物体重合的部分，如图3-90所示。

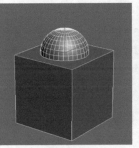
图3-87

图3-88

图3-89

图3-90

切割：用B物体切除A物体，但不在A物体上添加B物体的任何部分，共有【优化】、【分割】、【移除内部】和【移除外部】4个选项可供选择。【优化】是在A物体上沿着B物体与A物体相交的面来增加顶点和边数，以细化A物体的表面；【分割】是在B物体切割A物体部分的边缘，并且增加了一排顶点，利用这种方法可以根据其他物体的外形将一个物体分成两部分；【移除内部】是删除A物体在B物体内部的所有片段面；【移除外部】是删除A物体在B物体外部的所有片段面。

技巧与提示

在本案例中用到的就是【切割】，所以不进行图例解析了。另外，物体在进行【布尔】运算后随时都可以对两个运算对象进行修改。

【制作步骤】

01 执行 ▦（创建）→ ◯（几何体）→扩展基本体→ 切角圆柱体 ，在视图中创建一个切角圆柱体，设置【半径】为200mm、【高度】为600mm、【圆角】为10mm、【圆角分段】为3、【边数】为24，如图3-91所示。

02 执行 ▦（创建）→ ◯（几何体）→扩展基本体→ 切角长方体 ，在视图中创建一个切角长方体，设置【长度】为200mm、【宽度】为120mm、【高度】为120mm、【圆角】为5mm，如图3-92所示。

图3-91

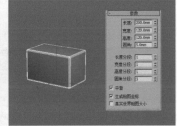
图3-92

03 将切角长方体移动到切角圆柱体上，位置如图3-93所示。

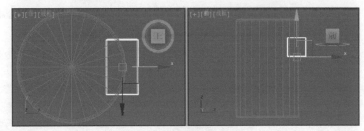
图3-93

04 选择切角圆柱体，执行 ▦（创建）→ ◯（几何体）→复合对象→ 布尔 ，单击 拾取操作对象B 按钮，选择切角长方体模型，如图3-94所示，拾取后的模型如图3-95所示。

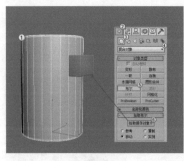

图3-94

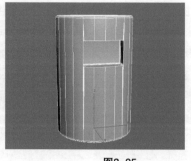

图3-95

技巧与提示

图3-95所示的结果是默认的【差集A-B】，此时模型没有镂空，而且不符合垃圾桶的实际形象。

05 单击 ☑（修改）按钮，进入修改面板，打开【参数】卷展栏，选择【切割】，选择【移除内部】，如图3-96所示，此时圆柱体就镂空了，而且符合垃圾桶的实际形象。

技巧与提示

在使用【布尔】处理对象时，最好一个对象只使用一次。若一个对象需要与许多个对象进行【布尔】运算时，可以将多个对象合并成1个对象，如图3-97所示。

06 在【修改器列表】中选择【壳】修改器，设置参数，为垃圾桶模型添加厚度，如图3-98所示。

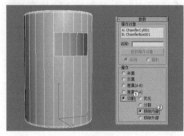

图3-96

图3-97

图3-98

【案例总结】

本例通过制作垃圾桶模型介绍了【布尔】工具的使用方法。【布尔】是一个非常强大的复合建模工具，因为篇幅问题，本例只介绍了一种运算方式，用户可以练习一下其他运算方式。

拓展练习

场景位置	无
实例位置	练习 > 实例文件 >CH03> 练习 27.max
视频文件	多媒体教学 >CH03> 练习 27.mp4

扫码观看视频

这是一个制作洗手池的练习，制作思路如图3-99所示。

第1步：使用 切角长方体 创建两个切角长方体，设置其中一个的分段数。

第2步：为设置了分段数的切角长方体加载FFD修改器，调整其形态。

第3步：使用 布尔 处理对象，得到洗手池模型。

第4步：将【案例22】中的水龙头模型导入场景，并进行大小和位置的调整，完善洗手池模型。

最终效果图

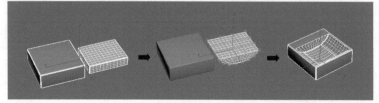

图3-99

案例 28
多边形建模：休闲椅

场景位置	无
实例位置	案例 > 实例文件 >CH03> 案例 28.max
视频文件	多媒体教学 >CH03> 案例 28.mp4
技术掌握	多边形建模方法、【涡轮平滑】修改器

扫码观看视频

【制作分析】

对休闲椅进行分析，模型结构看似简单，但若是用基础建模技术来制作，操作性并不强，而且细节上也难以处理。所以，本例将使用多边形建模技术来制作休闲椅模型。

最终效果图

【重点工具】

本例主要介绍多边形建模的方法。多边形建模是效果图制作中最主流的一种建模技术，其原理是对多边形对象的子对象（点、边、面、边界、元素）进行编辑和修改。多边形不是创建的，是转换而来的，以下两种是最常用转换方法。

第1种：在对象上单击鼠标右键，然后在弹出的菜单中选择【转换为】>【转换为可编辑多边形】命令，如图3-100所示。使用这种方法转换得来的多边形的创建参数将全部丢失，这是最常用的一种方法。

第2种：为对象加载【编辑多边形】修改器，如图3-101所示，使用这种方法转换得来的多边形的创建参数将保留下来。

将对象转换为多边形对象后，就可以对多边形对象的【顶点】、【边】、【边界】、【多边形】（面）和【元素】分别进行编辑。多边形对象的参数设置面板中默认包括6个卷展栏，分别是【选择】卷展栏、【软选择】卷展栏、【编辑几何体】卷展栏、【细分曲面】卷展栏、【细分置换】卷展栏和【绘制变形】卷展栏，如图3-102所示。

请注意，在选择了不同的次物体级别以后，可编辑多边形的参数设置面板也会发生相应的变化，在【选择】卷展栏下单击 ·（顶点）按钮，进入【顶点】级别以后，在参数设置面板中就会增加两个对顶点进行编辑的卷展栏，同样地，选择其他层级也会发生相应变化，如图3-103所示。多边形建模的核心思想就是对【顶点】、【多边形】、【边】进行编辑和修改，所以将重点讲解这些内容。

图3-100

图3-101

图3-102

图3-103

①【选择】卷展栏

【选择】卷展栏下的工具与选项主要用来访问多边形子对象级别以及快速选择子对象，如图3-104所示。

重要参数介绍

图3-104

· ⁄ ⌐ ■ ◢：依次用于访问【顶点】、【边】、【边界】、【多边形】（面）和【元素】子对象级别。【边界】是构成孔洞边框的一系列边，且完整循环；【元素】为对象中的所有连续多边形。

环形 环形 ：该工具只能在【边】和【边界】级别中使用。在选中一部分子对象后，单击该按钮可以自动选择平行于当前对象的其他对象。例如，选择一条如图3-105所示的边，然后单击 环形 按钮，可以选择整个纬度上平行于选定边的边，如图3-106所示。

循环 循环 ：该工具同样只能在【边】和【边界】级别中使用。在选中一部分子对象后，单击该按钮可以自动选择与当前对象在同一曲线上的其他对象。例如，选择如图3-107所示的边，然后单击 循环 按钮，可以选择整个经度上的边，如图3-108所示。

图3-105　　　　　　　图3-106　　　　　　　图3-107　　　　　　　图3-108

②【软选择】卷展栏

【软选择】是以选中的子对象为中心向四周扩散，以放射状方式来选择子对象。在对选择的部分子对象进行变换时，可以让子对象以平滑的方式进行过渡，其参数面板如图3-109所示。

重要参数介绍

使用软选择：控制是否开启【软选择】功能。启用后，选择一个或一个区域的子对象，那么会以这个子对象为中心向外选择其他对象。例如，框选如图3-110所示的顶点，那么软选择就会以这些顶点为中心向外进行扩散选择，如图3-111所示。

 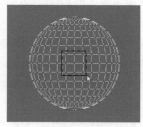 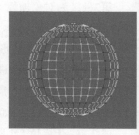

图3-109　　　　　　　图3-110　　　　　　　图3-111

技巧与提示

在用软选择选择子对象时，选择的子对象是以红、橙、黄、绿、蓝5种颜色进行显示的。处于中心位置的子对象显示为红色，表示这些子对象被完全选择，在操作这些子对象时，它们将被完全影响，然后依次是橙、黄、绿、蓝的子对象。

边距离：启用该选项后，可以将软选择限制到指定的面数。

衰减：用以定义影响区域的距离，默认值为20mm。【衰减】数值越高，软选择的范围也就越大，图3-112和图3-113是将【衰减】设置为500mm和800mm时的选择效果对比。

收缩：设置区域的相对【突出度】。

膨胀：设置区域的相对【丰满度】。

 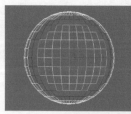

图3-112　　　　　　　图3-113

③【编辑几何体】卷展栏

【编辑几何体】卷展栏下的工具适用于所有子对象级别，主要用来全局修改多边形几何体，如图3-114所示。

重要参数介绍

重复上一个 重复上一个 ：单击该按钮可以重复使用上一次使用的命令。

图3-114

创建 [创建]：创建新的几何体。

塌陷 [塌陷]：通过将顶点与选择中心的顶点焊接，使连续选定子对象的组产生塌陷。

附加 [附加]：使用该工具可以将场景中的其他对象附加到选定的可编辑多边形中。

分离 [分离]：将选定的子对象作为单独的对象或元素分离出来。

切片 [切片]：可以在切片平面位置处执行切割操作。

网格平滑 [网格平滑]：使选定的对象产生平滑效果。

细化 [细化]：增加局部网格的密度，从而方便处理对象的细节。

图3-115

④【编辑顶点】卷展栏

进入可编辑多边形的【顶点】级别以后，在【修改】面板中会增加一个【编辑顶点】卷展栏，如图3-115所示。这个卷展栏下的工具全部是用来编辑顶点的。

重要参数介绍

移除 [移除]：选中一个或多个顶点以后，单击该按钮可以将其移除，然后接合起使用它们的多边形。

技巧与提示

这里详细介绍一下移动顶点与删除顶点的区别。

移动顶点：选中一个或多个顶点以后，单击 [移除] 按钮或按Backspace键即可移除顶点，但也只能是移除了顶点，而面仍然存在，如图3-116所示。注意，移除顶点可能导致网格形状发生严重变形。

删除顶点：选中一个或多个顶点以后，按Delete键可以删除顶点，同时也会删除连接到这些顶点的面，如图3-117所示。

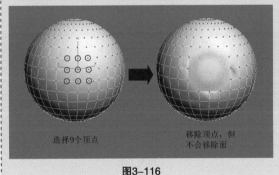

选择9个顶点　　移除顶点，但不会移除面

图3-116

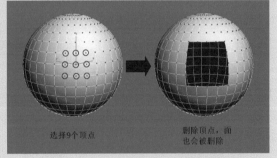

选择9个顶点　　删除顶点，面也会被删除

图3-117

断开 [断开]：选中顶点以后，单击该按钮可以在与选定顶点相连的每个多边形上都创建一个新顶点，这可以使多边形的转角相互分开，使它们不再相连于原来的顶点上。

挤出 [挤出]：直接使用这个工具可以手动在视图中挤出顶点，如图3-118所示。如果要精确设置挤出的高度和宽度，可以单击后面的 ■（设置）按钮，然后在视图中的【挤出顶点】对话框中输入数值即可，如图3-119所示。

图3-118

图3-119

焊接 [焊接]：对【焊接顶点】对话框中指定的【焊接阈值】范围之内连续选中的顶点进行合并，合并后所有边都会与产生的单个顶点连接。单击后面的 ■（设置）按钮可以设置【焊接阈值】。

切角 [切角]：选中顶点以后，使用该工具在视图中拖曳光标，可以手动为顶点切角，如图3-120所示。单击后面的 ■（设置）按钮，在弹出的【切角】对话框中可以设置精确的【顶点切角量】数值，同时还可以将切角后的面"打开"，以生成孔洞效果，如图3-121所示。

目标焊接 目标焊接 : 选择一个顶点后, 使用该工具可以将其焊接到相邻的目标顶点, 如图3-122所示。

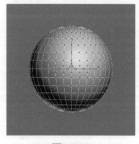

图3-120

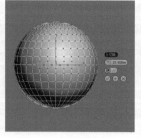

图3-121

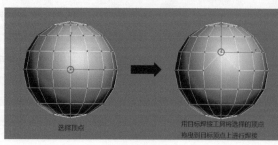

图3-122

技巧与提示

目标焊接 只能焊接成对的连续顶点。也就是说, 选择的顶点与目标顶点有一个边相连。

连接 连接 : 在选中的对角顶点之间创建新的边, 如图3-123所示。

移除孤立顶点 移除孤立顶点 : 删除不属于任何多边形的所有顶点。

⑤ 【编辑边】卷展栏

进入多边形对象的【边】级别以后, 在【修改】面板中会增加一个【编辑边】卷展栏, 如图3-124所示。这个卷展栏下的工具全部是用来编辑边的。

重要参数介绍

插入顶点 插入顶点 : 在【边】级别下, 使用该工具在边上单击鼠标左键, 可以在边上添加顶点, 如图3-125所示。

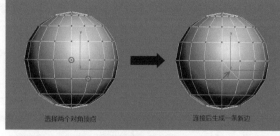

图3-124

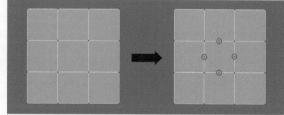

图3-123

图3-125

移除 移除 : 选择边以后, 单击该按钮或按Backspace键可以移除边, 如图3-126所示。如果按Delete键, 将删除边以及与边连接的面, 如图3-127所示。

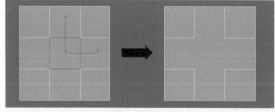

图3-126

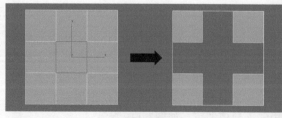

图3-127

挤出 挤出 : 直接使用这个工具可以手动在视图中挤出边。如果要精确设置挤出的高度和宽度, 可以单击后面的□（设置）按钮, 然后在视图中的【挤出边】对话框中输入数值即可, 如图3-128所示。

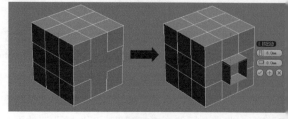

图3-128

切角 切角 ：这是多边形建模中使用频率最高的工具之一，可以为选定边进行切角（圆角）处理，从而生成平滑的棱角，如图3-129所示。

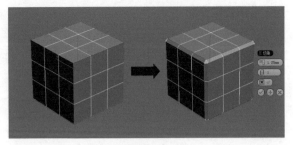

图3-129

技巧与提示

在很多时候，为边进行切角处理以后，都需要模型加载【网格平滑】修改器，以生成非常平滑的模型，如图3-130所示。

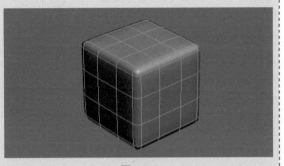

图3-130

目标焊接 目标焊接 ：用于选择边并将其焊接到目标边。只能焊接仅附着一个多边形的边，也就是边界上的边。

桥 桥 ：使用该工具可以连接对象的边，但只能连接边界边，也就是只在一侧有多边形的边。

连接 连接 ：这是多边形建模中使用频率最高的工具之一，可以在每对选定边之间创建新边，对于创建或细化边循环特别有用。例如，选择一对竖向的边，则可以在横向上生成边，如图3-131所示。

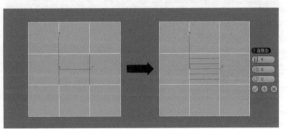

图3-131

利用所选内容创建新图形 利用所选内容创建图形 ：这是多边形建模中使用频率最高的工具之一，可以将选定的边创建为样条线图形。选择边以后，单击该按钮可以弹出一个【创建图形】对话框，在该对话框中可以设置图形名称以及设置图形的类型，如果选择【平滑】类型，则生成的平滑的样条线，如图3-132所示；如果选择【线性】类型，则样条线的形状与选定边的形状保持一致，如图3-133所示。

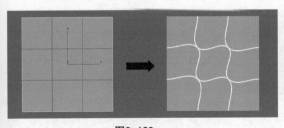

图3-132

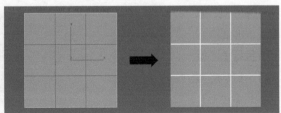

图3-133

⑥【编辑多边形】卷展栏

进入多边形对象的【多边形】级别以后，在【修改】面板中会增加一个【编辑多边形】卷展栏，如图3-134所示。这个卷展栏下的工具全部是用来编辑多边形的。

常用参数介绍

插入顶点 插入顶点 ：用于手动在多边形上插入顶点（单击即可插入顶点），以细化多边形，如图3-135所示。

图3-134

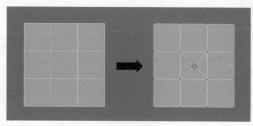

图3-135

挤出 挤出 ：这是多边形建模中使用频率最高的工具之一，可以挤出多边形。如果要精确设置挤出的高度，可以单击后面的□（设置）按钮，然后在视图中的【挤出边】对话框中输入数值即可。挤出多边形时，【高度】为正值时可向外挤出多边形，为负值时可向内挤出多边形，如图3-136所示。

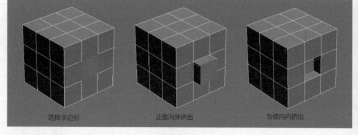

选择多边形　　　　正值向外挤出　　　　负值向内挤出

图3-136

倒角 倒角 ：这是多边形建模中使用频率最高的工具之一，可以挤出多边形，同时为多边形进行倒角，如图3-137所示。

插入 插入 ：执行没有高度的倒角操作，即在选定多边形的平面内执行该操作，如图3-138所示。

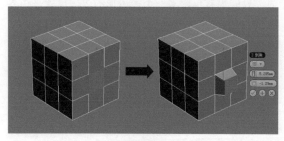

图3-137

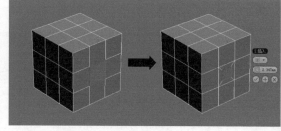

图3-138

桥 桥 ：使用该工具可以连接对象上的两个多边形或多边形组。

沿样条线挤出 沿样条线挤出 ：沿样条线挤出当前选定的多边形。

【制作步骤】

01 执行 ❋（创建）→ ◎（几何体）→ 长方体 ，在视图中创建一个长方体，设置【长度】为700mm、【宽度】为650mm、【高度】为500mm，如图3-139所示。

02 选中长方体，单击鼠标右键，执行【转换为】>【转换为可编辑多边形】命令，如图3-140所示。

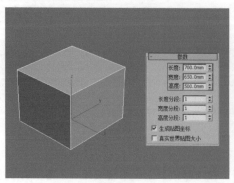

图3-139

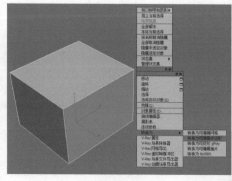

图3-140

03 切换到左视图，按2键（或单击 按钮）进入【边】层级，框选如图3-141所示的边，在【编辑边】卷展栏中单击 连接 按钮后的□（设置）按钮，设置连接边的数量为1，如图3-142所示。

图3-141

图3-142

04 系统默认选择新添加的所有边，按住Ctrl键，单击 按钮，选择与当前所选边相关联的顶点，如图3-143所示，使用 （选择并移动）将选中的顶点沿x轴向右移动，如图3-144所示。

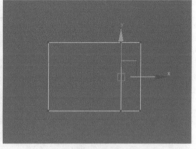

图3-143

图3-144

05 在左视图中框选最下方的所有顶点，切换到顶视图，使用 （选择并均匀缩放）将选中的顶点在xy平面内向内进行缩小，如图3-145所示。

06 切换到透视图，按4键（或单击 按钮）进入【多边形】层级，选择如图3-146所示的面，单击【编辑多边形】卷展栏中 挤出 按钮后的□（设置）按钮，设置挤出的数量为950mm，如图3-147所示。

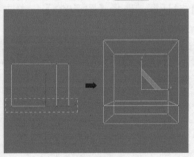

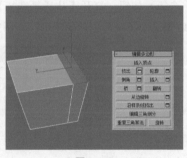

图3-145

图3-146

图3-147

07 按F3键使对象透视显示（再次按F3键即可退出透视显示），按2键进入【边】层级，选择如图3-148所示的边，单击【编辑边】卷展栏中 切角 按钮后的□（设置）按钮，设置切角的数量为8mm，如图3-149所示。

08 按2键退出【边】层级选择，在【修改器列表】中选择【涡轮平滑】修改器，设置【迭代次数】为2，如图3-150所示。

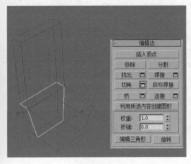

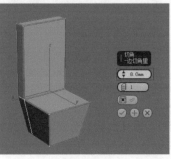

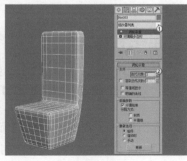

图3-148

图3-149

图3-150

技巧与提示

这就是为什么前面要使用 切角 来处理外围的边，因为棱角处的边数越多，在使用【涡轮平滑】或者【网格平滑】时，模型不会有太大的形态变化。用户可以试一下不使用 切角 ，直接加载【涡轮平滑】的效果。

09 在【修改器列表】中选择FFD（长方体）修改器，在前视图中调整控制点，如图3-151所示。

10 在【修改器列表】中选择【编辑多边形】修改器，切换到透视图，再次透视显示，按2键进入【边】层级，选择如图3-152所示的边，单击【编辑边】卷展栏中 创建图形 按钮后的□（设置）按钮，选择【线性】，单击 确定 按钮。

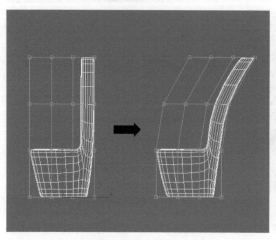

图3-151

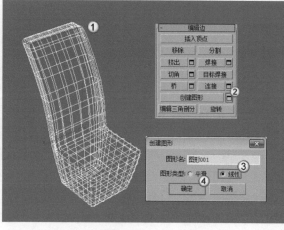

图3-152

11 单击主工具栏中的 （按名称选择）按钮，打开【从场景选择】对话框，选择【图形001】，单击 确定 按钮，如图3-153所示，此时便选中了刚才创建的图形，如图3-154所示。

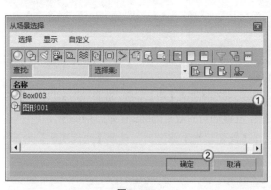

图3-153

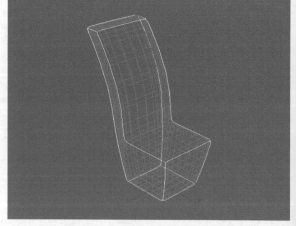

图3-154

技巧与提示

这里选择的对象，不是原模型上的边，而是独立的图形。另外，为便于观察，选中图形后，可以按快捷键Alt+Q独立显示，要退出独立显示，单击【状态栏】中的 按钮即可。

12 选中图形后，切换到【修改】面板，在【渲染】卷展栏中设置参数，将样条线转化为3D对象，如图3-155所示，此时休闲椅的模型就制作完成了。

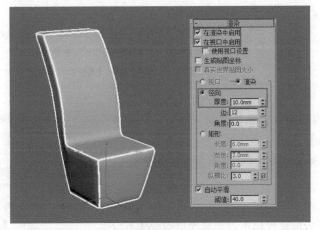

图3-155

【案例总结】

　　本例通过制作休闲椅模型介绍了多边形建模的方法。多边形建模的功能很强大，本例用到的不过是"冰山一角"，后面还会增加案例来熟悉多边形建模技术。多边形建模的核心是对【顶点】、【边】、【多边形】进行编辑，从而使建模更自由、更方便。同时，与多边形建模搭配使用的还有平滑类修改器，包括【涡轮平滑】和【网格平滑】，这些修改器使用方法很简单，平滑效果取决于多边形对象的边结构。

拓展练习	场景位置	无
	实例位置	练习 > 实例文件 >CH03> 练习 28.max
	视频文件	多媒体教学 >CH03> 练习 28.mp4

扫码观看视频

　　这是一个制作创意桌子的练习，制作思路如图3-156所示。

第1步：使用 长方体 创建一个长方体，设置分段数。

第2步：将长方体转换为多边形，调整顶点位置，使用 挤出 挤压出桌脚。

第3步：使用 切角 对桌子模型的外围棱角边进行处理。

第4步：为模型加载【涡轮平滑】修改器，使用FFD（长方体）修改器对桌脚形状进行变化。

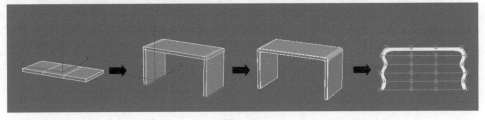

图3-156

中文版 3ds Max/VRay 效果图制作案例教程（微课版）

案例 29
多边形建模：显示器

场景位置	无
实例位置	案例 > 实例文件 >CH03> 案例 29.max
视频文件	多媒体教学 >CH03> 案例 29.mp4
技术掌握	多边形建模、【涡轮平滑】修改器、倒角工具

扫码观看视频

【制作分析】

显示器的重点是内凹的屏幕和拱形显示器背面，使用 倒角 可以快速地制作出这些结构。制作出屏幕和背面后，使用 切角 和【涡轮平滑】修改器完善模型即可完成制作。

【重点工具】

本例使用的仍是多边形建模技术，主要使用的是【多边形】层级的 倒角 。在上一个案例的"重点工具"中详解介绍了多边形建模技术的参数，这里不再介绍。

最终效果图

【制作步骤】

01 执行 ❖（创建）→ ◯（几何体）→ 长方体 ，在视图中创建一个长方体，设置【长度】为25mm、【宽度】为500mm、【高度】为320mm，如图3-157所示。

02 单击 ▨（修改）按钮，进入修改面板，在【修改器列表】中选择【编辑多边形】修改器，将长方体转换为多边形对象，如图3-158所示。

03 按4键（或单击■按钮）进入【多边形】层级，选择如图3-159所示的边。

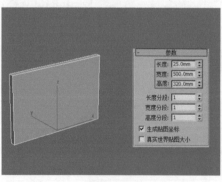

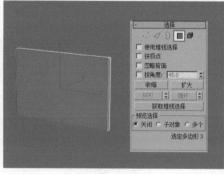

图3-157   图3-158   图3-159

04 制作显示器的正面。打开【编辑多边形】卷展栏，单击 倒角 按钮后的 ▣（设置）按钮，设置【倒角-轮廓】为-20mm，选择 ⊞（倒角-应用并继续），如图3-160所示，继续设置【倒角-高度】为-7mm、【倒角-轮廓】为0mm，选择 ☑（倒角-确定），如图3-161所示。

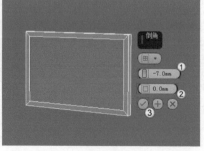

图3-160   图3-161

05 制作显示器的背面。选择背面的面，单击 倒角 按钮后的□（设置）按钮，设置【倒角-高度】为15mm、【倒角-轮廓】为-30mm，选择⊞（倒角-应用并继续），如图3-162所示，继续设置【倒角-高度】为10mm、【倒角-轮廓】为-30mm，选择◎（倒角-确定），如图3-163所示。

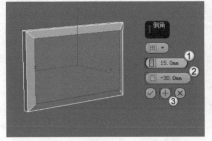

图3-162

图3-163

06 按4键进入【多边形】层级，选中作为屏幕的面，如图3-164所示，打开【编辑几何体】卷展栏，单击 分离 按钮后的□（设置）按钮，打开【分离】对话框，选择【分离到元素】，单击 确定 按钮，如图3-165所示。

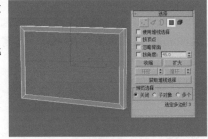

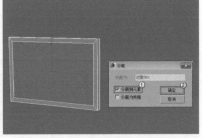

图3-164

图3-165

技巧与提示

通过平滑处理后的"屏幕"这一面会产生若干多边形形成网格结构，使用【多边形】层级选取"屏幕"时工作量会很大。如果分离面为元素，通过【元素】层级可以更快速地选取"屏幕"。

07 按2键进入【边】层级，选择如图3-166所示的边（未选中屏幕面上的边和显示器背后腰线上的边）。打开【编辑边】卷展栏，单击 切角 按钮后的□（设置）按钮，设置【切角-数量】为0.5mm，选择◎（切角-确定），如图3-167所示。

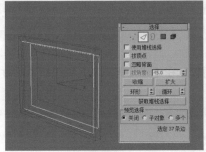

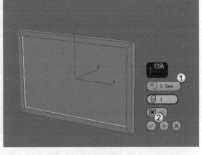

图3-166

图3-167

技巧与提示

选择边的时候，可以框选所有的边，然后按住Alt键减选不需要的边。

08 切换到前视图，框选如图3-168所示的边，单击 连接 按钮后的□（设置）按钮，设置【连接边-分段】为3，选择◎（连接边-确定），如图3-169所示。

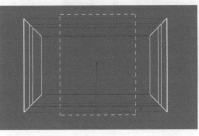

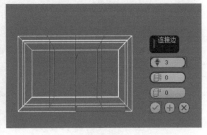

图3-168

图3-169

09 框选如图3-170所示的边，单击 连接 按钮后的 ▣（设置）按钮，设置【连接边-分段】为2，选择✅（连接边-确定），如图3-171所示。

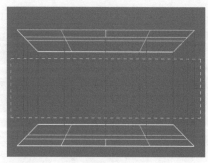

图3-170

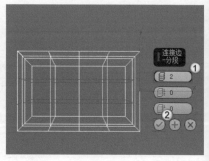

图3-171

10 按2键退出【边】层级，切换到透视图，在【修改器列表】中选择【涡轮平滑】修改器，设置【迭代次数】为2，如图3-172所示。

11 下面开始制作支架模型。执行 ✚（创建）→ ◯（几何体）→ 长方体 ，在视图中创建一个长方体，设置【长度】为40mm、【宽度】为60mm、【高度】为160mm、【高度分段】为12，如图3-173所示。

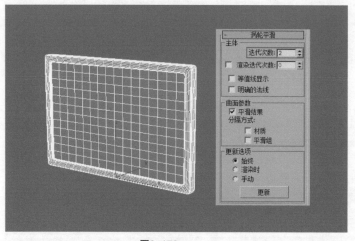

图3-172

图3-173

12 单击 ◪（修改）按钮，进入修改面板，在【修改器列表】中选择【弯曲】修改器，设置【角度】为60、【方向】为90，如图3-174所示。

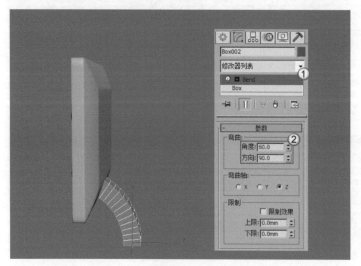

图3-174

技巧与提示

【弯曲】修改器的参数根据建模的实际情况进行设置。

13 使用 长方体 创建一个长方体作为显示器的底座，如图3-175所示。此时，显示器的创建就完成了。

图3-175

【案例总结】

　　本例通过制作显示器模型，介绍了多边形建模的方法，介绍的重点是【多边形】层级中的 倒角 。当然，本例还可以使用其他方法来制作，例如，对多边形对象进行分段，使用 挤出 工具来制作。但是，将两者进行比较，使用 倒角 更加快捷，在建模时，应合理地选择最有效率的方法。

拓展练习

场景位置	无
实例位置	练习 > 实例文件 >CH03> 练习 29.max
视频文件	多媒体教学 >CH03> 练习 29.mp4

扫码观看视频

这是一个制作电视机的练习，制作思路如图3-176所示。

第1步：使用 长方体 在视图中创建一个长方体，并将其转换为多边形对象。

第2步：使用 倒角 编辑出电视机的屏幕。

第3步：使用 挤出 编辑出电视机的边框，同时使用 长方体 制作电视机的按钮。

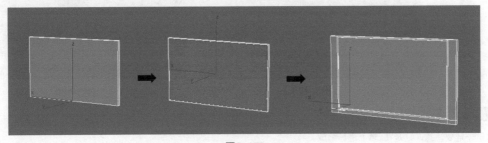

图3-176

案例 30
多边形建模：餐叉

场景位置	无
实例位置	案例 > 实例文件 >CH03> 案例 30.max
视频文件	多媒体教学 >CH03> 案例 30.mp4
技术掌握	多边形建模方法、调整顶点的方法

【制作分析】

餐叉模型相对于其他模型较为精细，细节表现更为重要。本例同样是将长方体转换为多边形对象，使用 挤出 制作出叉子部分和叉柄部分，同时，通过调节【顶点】来调整餐叉的形状。

【重点工具】

本例所用到的建模方法仍是多边形建模，平滑类修改器是【涡轮平滑】修改器。

最终效果图

【制作步骤】

01 执行 ✥（创建）→ ⊙（几何体）→ 长方体 ，在视图中创建一个长方体，设置【长度】为15mm、【宽度】为12mm、【高度】为1mm、【长度分段】为2、【宽度】分段为7、【高度分段】为1，如图3-177所示，选中长方体，单击鼠标右键，选择【转换为】>【转换为可编辑多边形】，如图3-178所示。

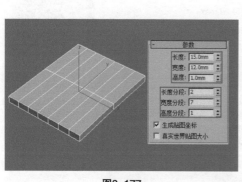

图3-177

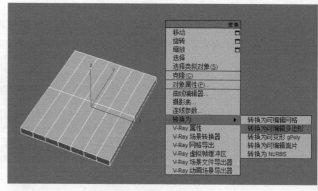

图3-178

02 切换到顶视图，按1键进入【顶点】层级，框选如图3-179所示的顶点，使用 ▣（选择并均匀缩放）将选择的顶点沿x轴向内缩小，如图3-180所示。

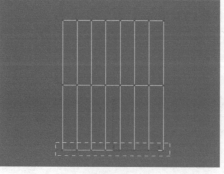

图3-179

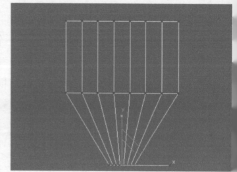

图3-180

技巧与提示

这里一定要注意，只是在x轴上进行缩放。

03 切换到透视图，按4键进入【多边形】层级，选择如图3-181所示的面，打开【编辑多边形】卷展栏，单击 挤出 按钮后的 □（设置）按钮，设置【挤出多边形-高度】为15mm，如图3-182所示。

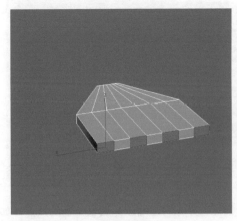

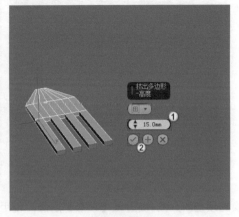

图3-181   图3-182

04 按住Ctrl键，单击 ⚬（顶点）按钮，选择与当前选择的多边形有关的顶点，如图3-183所示，使用 （选择并均匀缩放）将选择的顶点整体向内缩小，如图3-184所示。

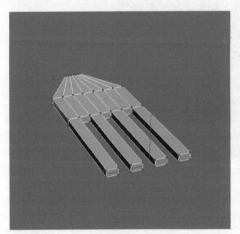

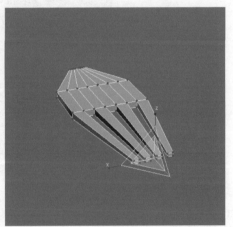

图3-183   图3-184

05 按4键切换到【多边形】层级，选择如图3-185所示的面，打开【编辑多边形】卷展栏，单击 挤出 按钮后的 □（设置）按钮，设置挤出的数值为60mm，如图3-186所示。

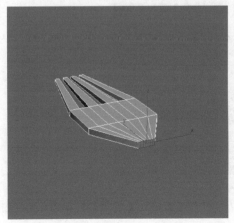

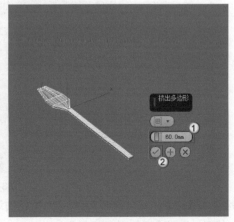

图3-185   图3-186

06 切换到左视图，按2键进入【边】层级，框选如图3-187所示的边，在【编辑边】卷展栏中单击 连接 按钮后的□（设置）按钮，设置连接边的数量为4，如图3-188所示。

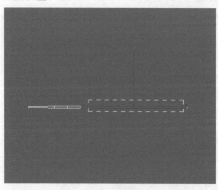 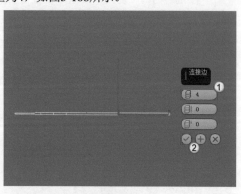

图3-187　　　　　　　　　　　　　　图3-188

07 切换到顶视图，按1键进入【顶点】层级，使用□（选择并均匀缩放）调整叉柄的顶点，如图3-189所示。

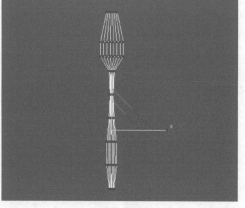

图3-189

技巧与提示

这里的调整是从上往下，每一组都是使用□（选择并均匀缩放）在x轴上进行缩放的。

08 切换到左视图，使用□（选择并移动）调整叉头处的顶点，如图3-190所示。

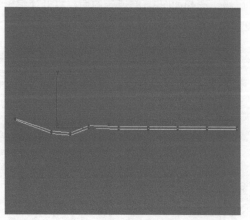

图3-190

09 按2键进入【边】层级，选择如图3-191所示的边，打开【编辑边】卷展栏，单击 切角 按钮后的□（设置）按钮，设置【切角-边切角量】为0.1mm，如图3-192所示。

中文版 3ds Max/VRay 效果图制作案例教程（微课版）

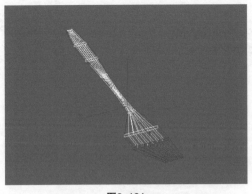

图3-191   图3-192

技巧与提示

这里的边必须选择准确，否则在后面的平滑操作中会出现错误，在其他视图的选取效果如图3-193所示。

图3-193

10 按2键退出【边】层级，在【修改器列表】中选择【涡轮平滑】修改器，设置【迭代次数】为2，如图3-194所示。此时，餐叉的模型就制作完成。

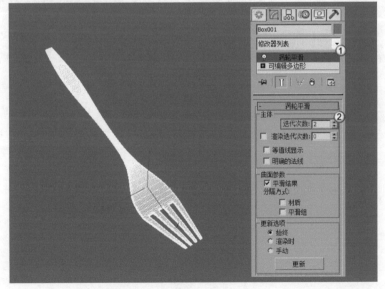

图3-194

【案例总结】

本例通过制作餐叉模型练习了多边形建模的方法。本例所运用到的知识比较多，包括常用的 挤出 、 切角 和【涡轮平滑】修改器。另外，本例重点介绍了通过顶点调整模型形态的方法，这是多边形建模的根本，必须掌握。

拓展练习

场景位置	无
实例位置	练习 > 实例文件 >CH03> 练习 30.max
视频文件	多媒体教学 >CH03> 练习 30.mp4

这是一个制作勺子的练习，制作思路如图3-195所示。

第1步：使用 长方体 在视图中创建一个长方体，设置分段数，并将其转换为多边形对象。

第2步：切换到顶视图，调整顶点，将其调整为勺子平面形状。

第3步：继续调整顶点，调整出勺子的内凹形态。

第4步：使用 挤出 编辑出勺柄。

第5步：使用 切角 对模型的边进行处理，并加载【涡轮平滑】修改器。

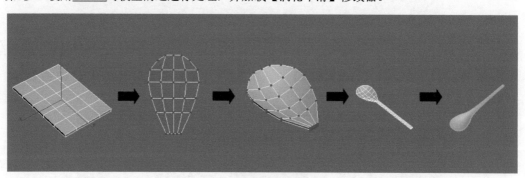

图3-195

第 04 章

效果图中的常见模型

本章将介绍效果图中常见对象的制作方法，包括沙发、床、衣柜、电视柜、浴缸、门等室内对象。在室内效果图制作中，上述对象是必不可少的对象，我们不仅要求它们造型美观，还希望它们具有良好的装饰性。本章通过对上述实物对象进行建模，介绍多边形建模技术的常用功能，学习针对不同的对象，应选择何种建模思路和方法。需要注意的是，本例介绍的不单单是特定对象建模方法，而是针对每一类对象的建模思路，如浴缸、马桶对象，针对的就是异形对象的创建方法。

知识技法掌握

掌握多边形建模技术

掌握编辑边、编辑顶点、编辑面的方法

掌握【挤出】、【切角】、【倒角】、【连接】、【桥】等多边形建模工具的使用方法

掌握基础建模技术、多边形建模技术、修改器的综合运用方法

掌握衣柜、电视柜、中式茶几等规则对象的创建方法

掌握浴缸、马桶、床等不规则对象的创建方法

熟练各种建模方法，针对不同的对象，能选择出最有效率的建模方法

案例31
组合沙发

场景位置	无
实例位置	案例 > 实例文件 >CH04> 案例 31.max
视频文件	多媒体教学 >CH04> 案例 31.mp4
技术掌握	多边形建模技术、【涡轮平滑】修改器

【制作分析】

　　对组合沙发进行分析，沙发可拆分为靠背、底座、坐垫和支撑脚这4个部分，靠背部分可以采用多边形建模来完成，其他部分则可以使用基本几何体配合修改器来创建。

最终效果图

【制作步骤】

01 首先制作靠背。执行 ✦ （创建）→ □ （图形）→ 长方体 ，在视图中创建一个长方体，设置【长度】为 3 600mm、【宽度】为150mm、【高度】为900mm，如图4-1所示，单击鼠标右键，选择【转换为】>【转换为可编辑多边形】，如图4-2所示。

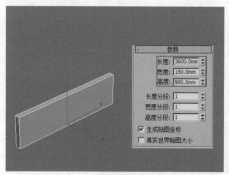

图4-1　　　　　　　　　　　图4-2

02 按4键进入【多边形】层级，选择如图4-3所示的面，打开【编辑多边形】卷展栏，单击 挤出 按钮后的 □ （设置）按钮，设置【挤出多边形-高度】为200mm，如图4-4所示。

图4-3　　　　　　　　　　　图4-4

03 选择如图4-5所示的面，单击 挤出 按钮后的 □ （设置）按钮，设置【挤出多边形-高度】为1 000mm，如图4-6所示。

04 使用同样的方法，挤出另一端的面，设置【挤出多边形-高度】为1 600mm，如图4-7所示。

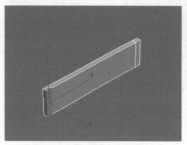

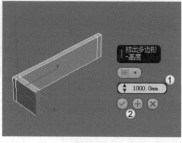

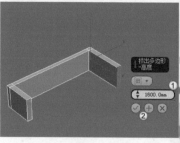

图4-5　　　　　　　　　图4-6　　　　　　　　　图4-7

05 按2键进入【边】层级，选择如图4-8所示的边，打开【编辑边】卷展栏，单击 切角 按钮后的 □ （设置）按钮，设置【切角-边切角量】为5mm，如图4-9所示。

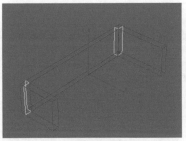

图4-8

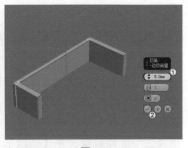

图4-9

06 切换到左视图，框选如图4-10所示的边，在【编辑边】卷展栏中单击 连接 按钮后的 □ （设置）按钮，设置【连接边-分段】为3，如图4-11所示。

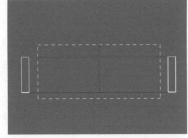

图4-10

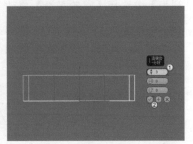

图4-11

技巧与提示

添加结构边的目的是为了在使用平滑修类改器的时候，使模型的形状稳定。

07 使用同样的方法添加其他结构边，如图4-12所示。

08 退出【边】层级，在【修改器列表】中选择【涡轮平滑】修改器，设置【迭代次数】为3，如图4-13所示。至此，沙发的靠背就制作完成了。

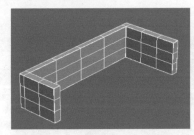

图4-12

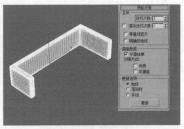

图4-13

09 下面开始制作底座。使用 长方体 创建一个长方体，设置【长度】为3 600mm、【宽度】为1 000mm、【高度】为300mm，如图4-14所示，单击鼠标右键，选择【转换为】>【转换为可编辑多边形】，将长方体转换为多边形对象，如图4-15所示。

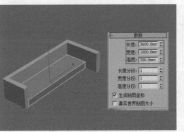

图4-14

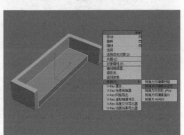

图4-15

10 按快捷键Alt+Q将长方体独立显示，按2键进入【边】层级，选择所有边，如图4-16所示，打开【编辑边】卷展栏，单击 切角 按钮后的 □ （设置）按钮，设置【切角-边切角量】为5mm，如图4-17所示。

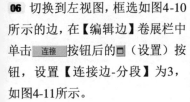

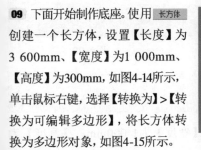

图4-16

图4-17

技巧与提示

在建模的时候，为了方便操作，独立显示对象是非常有用的，若要退出独立显示，单击状态栏的 💡 （孤立当前选择切换）按钮即可。

11 使用 连接 为底座对象添加结构边，如图4-18所示。

12 单击状态栏的 💡 （孤立当前选择切换）按钮退出独立显示，继续选中底座对象，在【修改器列表】中选择【涡轮平滑】修改器，设置【迭代次数】为3，如图4-19所示。此时，沙发底座就制作完成了。

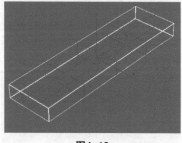
图4-18

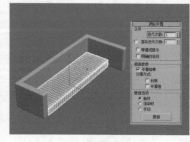
图4-19

技巧与提示

对于底座的制作，也可以通过【切角长方体】来制作，制作方法见后面的坐垫。

13 下面制作坐垫模型。使用 切角长方体 创建一个切角长方体，设置【长度】为1250mm、【宽度】为1 000mm、【高度】为200mm、【圆角】为5mm、【长度分段】为3、【宽度分段】为2、【高度分段】为1、【圆角分段】为1，取消勾选【平滑】，如图4-20所示。

14 选择坐垫对象，在【修改器列表】中选择【涡轮平滑】修改器，设置【迭代次数】为3，如图4-21所示。

15 切换到将坐垫模型沿y轴向上复制1个，如图4-22所示。

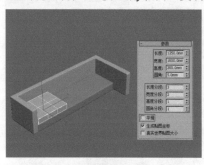
图4-20

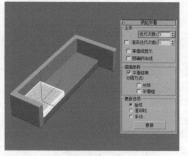
图4-21

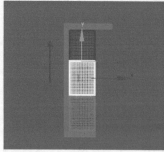
图4-22

技巧与提示

复制的时候，让两个坐垫之间有一点间隙，使模型更切合实际。

16 使用 切角长方体 创建一个切角长方体，设置【长度】为1 050、【宽度】为1 000mm、【高度】为200mm、【圆角】为5mm、【长度分段】为3、【宽度分段】为2、【高度分段】为1、【圆角分段】为1，取消勾选【平滑】，如图4-23所示，创建完成后，为其加载一个【涡轮平滑】修改器，设置【迭代次数】为3，如图4-24所示。

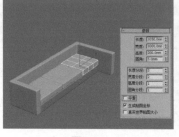
图4-23

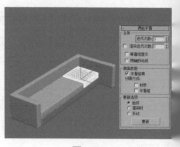
图4-24

17 下面继续完善沙发的其他部分。使用 切角长方体 创建一个长方体，参数设置如图4-25所示，将切角长方体向上复制一个，并将【高度】改为200mm，并调整好位置，如图4-26所示。

18 分别为两个切角长方体加载【涡轮平滑】修改器，均设置【迭代次数】为3，效果如图4-27所示。

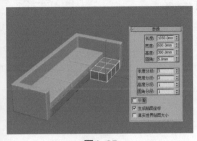
图4-25

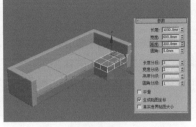
图4-26

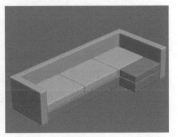
图4-27

19 用相同的方法再创建一组坐垫，参数及位置如图4-28和图4-29所示。

20 分别为两个切角长方体加载【涡轮平滑】修改器，设置【迭代次数】为3，如图4-30所示。

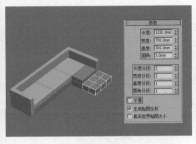
图4-28

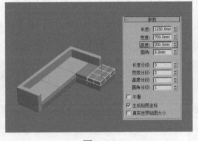
图4-29

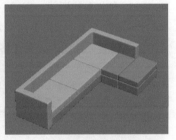
图4-30

21 使用 圆柱体 制作组合沙发的支撑脚，如图4-31所示。此时，组合沙发的制作就完成了。

【案例总结】

本例是一个制作组合沙发的综合案例，运用到的主要有多边形建模、【切角长方体】工具、【涡轮平滑】修改器、复制功能以及对齐功能。本例的难度并不大，其重点在于掌握各种建模工具和方法，并将它们进行综合运用，从而创建出一个完整的模型。

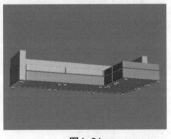

图4-31

场景位置	无
实例位置	练习 > 实例文件 >CH03> 练习 31.max
视频文件	多媒体教学 >CH03> 练习 31.mp4

拓展练习

这是一个制作沙发榻的练习，制作思路如图4-32所示。

第1步：使用 长方体 创建一个长方体，设置分段数，并转换为多边形编辑对象。

第2步：对顶点位置进行调整，使用 挤出 制作出靠背部分。

第3步：制作出榻垫部分，并对沙发模型进行平滑处理。

第4步：使用 矩形 绘制出矩形，设置【渲染】卷展栏的参数，制作出支撑脚。

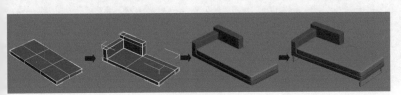
图4-32

最终效果图

案例 32
双人床

场景位置	无
实例位置	案例 > 实例文件 >CH04> 案例 32.max
视频文件	多媒体教学 >CH04> 案例 32.mp4
技术掌握	多边形建模技术、【涡轮平滑】修改器

扫码观看视频

【制作分析】

对本例的双人床进行分析，包括床体和床垫两部分，床垫直接通过【切角长方体】就能制作，所以重点是床体的制作。本例将使用多边形建模挤压出床体，并使用FFD修改器来改变靠背的形态。

最终效果图

【制作步骤】

01 使用 长方体 创建一个长方体，设置【长度】为120mm、【宽度】为1 800mm、【高度】为400mm，如图4-33所示。完成创建后，将长方体转换为多边形对象。

02 按4键进入【多边形】层级，选择如图4-34所示的面，打开【编辑多边形】卷展栏，单击 挤出 按钮后的□（设置）按钮，设置【挤出多边形-高度】为200mm，如图4-35所示。

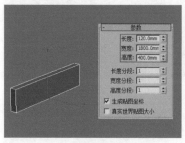
图4-33

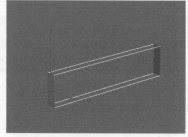
图4-34

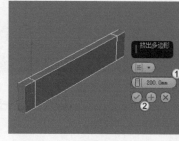
图4-35

03 选择如图3-46所示的面，单击 挤出 按钮后的□（设置）按钮，设置【挤出多边形-高度】为100mm，如图4-37所示。

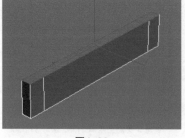
图4-36

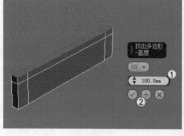
图4-37

04 选择如图4-38所示的面，单击 挤出 按钮后的□（设置）按钮，设置【挤出多边形-高度】为2 400mm，选择⊞（挤出多边形-应用并继续），如图4-39所示，再次设置【挤出多边形-高度】为120mm，选择☑（挤出多边形-确定），如图4-40所示。

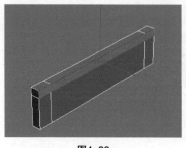
图4-38

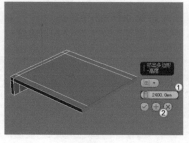
图4-39

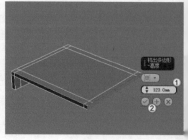
图4-40

05 选择如图4-41所示的面,单击 挤出 按钮后的 □（设置）按钮,设置【挤出多边形-高度】为400mm,如图4-42所示。

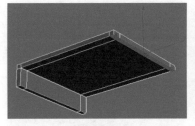

图4-41   图4-42

06 选择如图4-43所示的面,单击 挤出 按钮后的 □（设置）按钮,设置【挤出多边形-高度】为500mm,选择 ⊕（挤出多边形-应用并继续）,如图4-44所示,再次设置【挤出多边形-高度】为100mm,选择 ☑（挤出多边形-确定）,如图4-45所示。

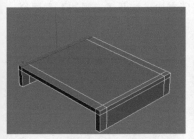

图4-43

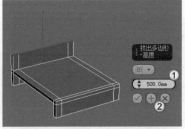

图4-44

图4-45

07 选择如图4-46所示的面,单击 挤出 按钮后的 □（设置）按钮,设置【挤出多边形-高度】为150mm,如图4-47所示。

08 按2键进入【边】层级,选择如图4-48所示的边,打开【编辑边】卷展栏,单击 切角 按钮后的 □（设置）按钮,设置【切角-数量】为25mm,如图4-49所示。

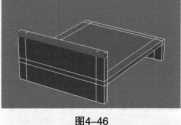

图4-46

图4-47

图4-48   图4-49

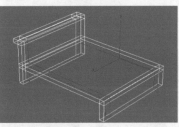

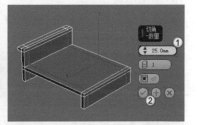

技巧与提示

这里是通过加载【编辑多边形】转换的多边形对象,所以【切角】参数的名称不一样,但是功能未变。

09 按4键进入【多边形】层级,选择如图4-50所示的面,单击 挤出 按钮后的 □（设置）按钮,选择【挤出多边形-本地法线】,设置【挤出多边形-高度】为-10mm,如图4-51所示。

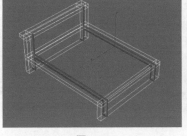

图4-50

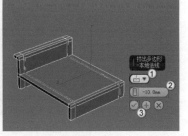

图4-51

技巧与提示

在选择面的时候,边切角产生的三角形面也要选择。

10 切换到左视图，按2键进入【边】层级，框选如图4-52所示的边，打开【编辑边】卷展栏，单击 连接 按钮后的 □（设置）按钮，添加1组边，并调整边的位置，如图 4-53所示。

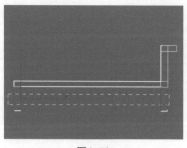

图4-52

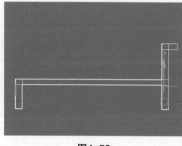

图4-53

11 切换到透视，按4键进入【多边形】，选择如图4-54所示的面，打开【编辑多边形】卷展栏，单击 桥 按钮，将两个面连接起来，如图4-55所示。

12 按2键进入【边】层级，框选整个模型（或按快捷键Ctrl+A）选择所有边，打开【编辑边】卷展栏，单击 切角 按钮后的 □（设置）按钮，添加1组边，并调整边的位置，如图 4-56所示。

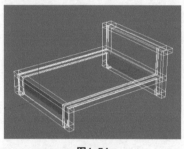

图4-54

图4-55

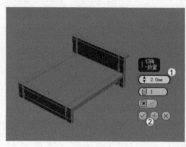

图4-56

技巧与提示

这里最理想的应该是选择棱角边，但是由于工作量较大，且选择所有边并不影响平滑效果，所以选择了所有的边。

13 按2键退出【边】层级，在【修改器列表】中选择【涡轮平滑】修改器，设置【迭代次数】为3，如图4-57所示。

14 在【修改器列表】中选择FFD（长方体）修改器，设置高度的控制点个数为8，在左视图中调整控制点，如图4-58所示。

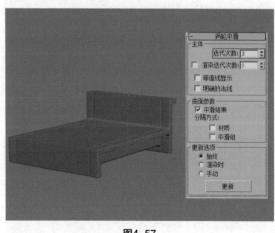

图4-57

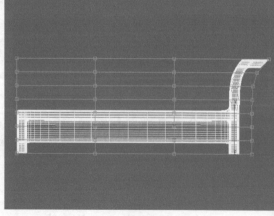

图4-58

15 使用 切角长方体 创建一个切角长方体，参数如图4-59所示，将其作为床垫，为床垫加载一个【涡轮平滑】修改器，设置【迭代次数】为3，如图4-60所示。此时，双人床就制作完成了。

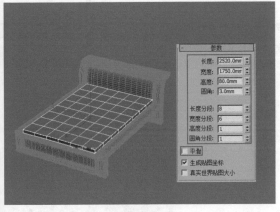

图4-59

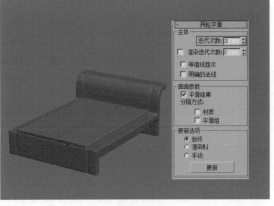

图4-60

【案例总结】

相对于前面的沙发，双人床的制作更能体现出多边建模的自由操作性。先将长方体转换为多边形对象，然后对长方体的面进行挤出操作，依次挤出床体的各部分结构，这样制作出来的床体模型必然是一个整体，且各部分的衔接是非常自然的。

拓展练习	场景位置	无
	实例位置	练习 > 实例文件 >CH03> 练习 32.max
	视频文件	多媒体教学 >CH03> 练习 32.mp4

扫码观看视频

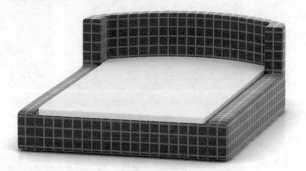

这是一个制作床的练习，制作思路如图4-61所示。

第1步：使用 长方体 创建一个长方体，将其转换为多边形对象。

的2步：对长方体进行挤出操作，并添加结构边，调整顶点的位置。

第3步：使用 挤出 、切角 制作出床的靠背部分和凹槽部分。

第4步：选择适当的棱角边进行切角处理，对床体模型进行平滑处理。

第5步：创建出床垫部分，完成床模型的制作。

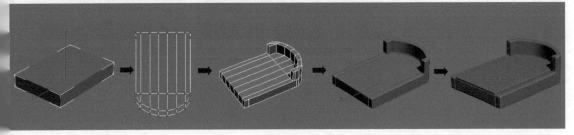

图4-61

案例 33
衣柜

场景位置	无
实例位置	案例 > 实例文件 >CH04> 案例 33.max
视频文件	多媒体教学 >CH04> 案例 33.mp4
技术掌握	基础建模、多边形建模、挤出工具、桥工具

【制作分析】

衣柜模型可以分解为衣柜框架、衣柜隔板和推拉门3个部分。衣柜框架可以使用多边形建模制作，隔板以及推拉门直接用基本几何体来拼凑即可。

最终效果图

【制作步骤】

01 使用 长方体 创建一个长方体，设置【长度】为2 500mm、【宽度】为900mm、高度为100mm，如图4-62所示，创建完成后，将长方体转化为对多边形对象。

02 按4键进入【多边形】层级，选择如图4-63所示的面，打开【编辑多边形】卷展栏，单击 挤出 按钮后的■（设置）按钮，设置【挤出多边形-高度】为50mm，如图4-64所示。

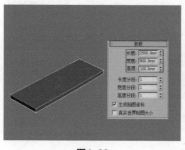

图4-62

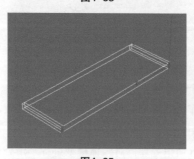

图4-63

图4-64

03 选择如图4-65所示的面，单击 挤出 按钮后的■（设置）按钮，设置【挤出多边形-高度】为30mm，如图4-66所示。

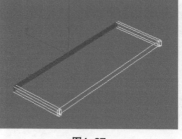

图4-65

图4-66

04 选择如图4-67所示的面，单击 挤出 按钮后的■（设置）按钮，设置【挤出多边形-高度】为50mm，如图4-68所示。

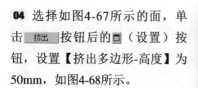

图4-67

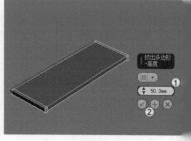

图4-68

05 选择如图4-69所示的面，单击 [挤出] 按钮后的 ■（设置）按钮，设置【挤出多边形-高度】为2 150mm，选择 ⊕（挤出多边形-应用并继续），如图4-70所示，再次设置【挤出多边形-高度】为50mm，选择 ☑（挤出多边形-确定），如图4-71所示。

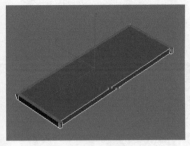

图4-69

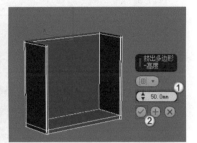

图4-70

图4-71

06 选择如图4-72所示的面，单击 [桥] 按钮，将两个面连接起来，如图4-73所示。

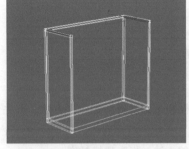

图4-72

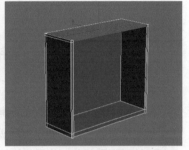

图4-73

07 按2键进入【边】层级，选择如图4-74所示的棱角边，打开【编辑边】卷展栏，单击 [切角] 按钮后的 ■（设置）按钮，设置【切角-数量】为5mm，如图4-75所示。此时衣柜的框架就制作完成了。

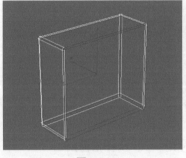

图4-74

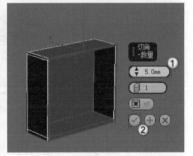

图4-75

技巧与提示

对于棱角边的选择，是一个比较灵活的工作，没有条理可循，都是根据当前模型的实际情况来定的。

08 使用 [切角长方体] 为衣柜内部创建隔板，如图4-76所示。

技巧与提示

内部隔板的宽度比衣柜框架窄，因为要为推拉门留位置。

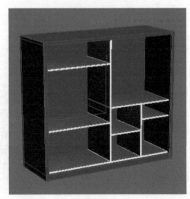

图4-76

09 使用 圆柱体 创建晾衣杆，如图4-77所示。

10 使用 长方体 创建推拉门，如图4-78所示。此时，衣柜模型就制作完成了。

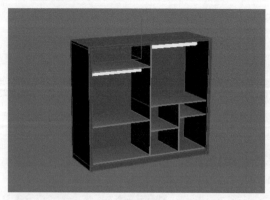

图4-77

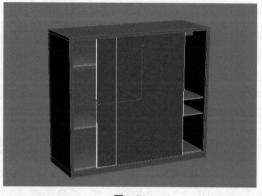

图4-78

技巧与提示

这里的推拉门是两页，并且是错开的。

【案例总结】

衣柜的制作运用到了多边形建模和基础建模两种建模方法，首先使用多边形建模制作出框架，再使用基础建模拼凑几何体制作出隔板。在建模时，建模方法是灵活可变的，重点是要是对模型进行合理的分解，针对不同部分，使用最快捷的方法，提高建模效率。

拓展练习

场景位置	无
实例位置	练习 > 实例文件 >CH03> 练习 33.max
视频文件	多媒体教学 >CH03> 练习 33.mp4

扫码观看视频

这是一个制作鞋柜的练习，制作思路如图4-79所示。

第1步：使用 长方体 创建一个长方体，将其转换为多边形对象。

第2步：为对象添加结构边，使用 倒角 制作出内凹效果。

第3步：使用 长方体 制作内部隔板。

第4步：使用 长方体 鞋柜的门。

最终效果图

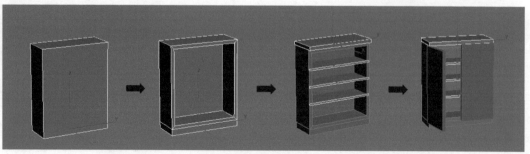

图4-79

案例 34
电视柜

场景位置	无
实例位置	案例 > 实例文件 >CH04> 案例 34.max
视频文件	多媒体教学 >CH04> 案例 34.mp4
技术掌握	基础建模思路、多边形建模、挤出工具、倒角工具

扫码观看视频

【制作分析】

对电视柜进行分析，电视柜由柜身、隔板、拉门和柜脚构成，每一个部分都有各自细节的特点，所以将分开对各个部分单独进行建模。

最终效果图

【制作步骤】

01 使用 长方体 创建一个长方体，设置【长度】为1 200mm、【宽度】为550mm、【高度】为20mm，如图4-80所示，创建完成后，将长方体转换为多边形对象。

02 按4键进入【多边形】层级，选择如图4-81所示的面，打开【编辑多边形】卷展栏，单击 倒角 按钮后的■（设置）按钮，设置【倒角-轮廓】为-10mm，选择■（倒角-应用并继续），如图4-82所示，再次设置【倒角-高度】为10mm、【倒角-轮廓】为-8mm，选择☑（挤出多边形-确定），如图4-83所示。完成操作后再重复一遍上述的操作。

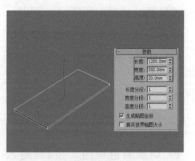
图4-80

图4-81

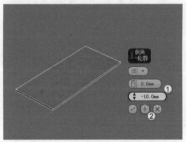
图4-82

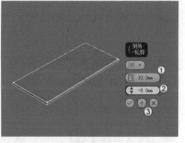
图4-83

技巧与提示

因为这里是要做出一个阶梯的效果，其前视图效果图如图4-84所示。

图4-84

03 按2键进入【边】层级，按快捷键Ctrl+A选择所有边，打开【编辑边】卷展栏，单击 切角 按钮后的■（设置）按钮，设置【切角-数量】为2mm，如图4-85所示。

图4-85

04 使用 长方体 创建一个长方体，设置【长度】为60mm、【宽度】为470mm、【高度】为500mm，将其作为柜身的一部分，如图4-86所示，创建完成后，将长方体转换为多边形对象。

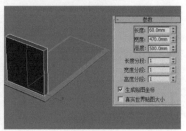
图4-86

05 按2键进入【边】层级，选择如图4-87所示的边，打开【编辑边】卷展栏，单击 连接 按钮后的 □（设置）按钮，设置【连接边-分段】为2，如图4-88所示。

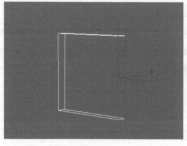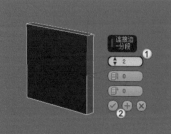

图4-87　　　　　　　　　图4-88

技巧与提示

为了方便操作，可以将当前编辑的多边形对象独立显示，待编辑完成后再退出独立显示状态。

06 选择新添加的两条边，调整其位置，如图4-89所示，用上一步的方法为两条线之间添加6条边，如图4-90所示。

图4-89　　　　　　　　　图4-90

07 切换到透视图，按4键进入【多边形】层级，选择如图4-91所示的面，打开【编辑多边形】卷展栏，单击 挤出 按钮后的 □（设置）按钮，设置【挤出多边形-高度】为-5mm，如图4-92所示。

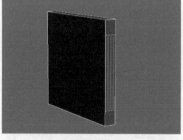

图4-91　　　　　　　　　图4-92

08 按2键进入【边】层级，选择如图4-93所示的边，打开【编辑边】卷展栏，单击 切角 按钮后的 □（设置）按钮，设置【切角-数量】为2mm，如图4-94所示。

图4-93　　　　　　　　　图4-94

09 按2键退出【边】层级，将对象复制一个，位置如图4-95所示。

10 使用 长方体 创建一个长方体，设置【长度】为1 000mm、【宽度】为40mm、【高度】为500mm，如图4-96所示。此时，柜身部分已经有了一定的轮廓。

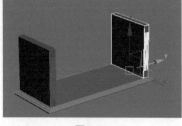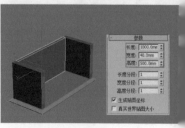

图4-95　　　　　　　　　图4-96

11 使用 长方体 创建一个长方体，设置【长度】为1 000mm、【宽度】为400mm、【高度】为25mm，将其作为隔板，如图4-97所示。完成创建后，将长方体转换为多边形对象。

12 按2键进入【边】层级，选择如图4-98所示的边，打开【编辑边】卷展栏，单击 连接 按钮后的□（设置）按钮，设置【连接边-分段】为1，如图4-99所示。

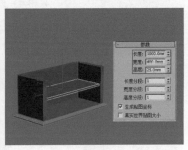
图4-97

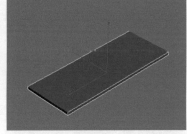
图4-98

图4-99

13 选择新添加的边，调整其位置，如图4-100所示，单击 切角 按钮后的□（设置）按钮，设置【切角-数量】为12mm，如图4-101所示。

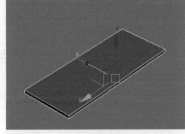
图4-100

图4-101

14 按4键进入【多边形】层级，选择如图4-102所示的面，打开【编辑多边形】卷展栏，单击 倒角 按钮后的□（设置）按钮，设置【倒角-高度】为-5mm、【倒角-轮廓】为-5mm，如图4-103所示。

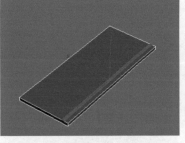
图4-102

图4-103

15 按4键退出【多边形】层级，选择最下面的多边形对象，将其向上复制一个，如图4-104所示。

16 使用 长方体 创建一个长方体，位置和参数如图4-105所示，创建完成后将其转换为多边形对象。

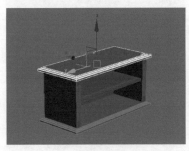
图4-104

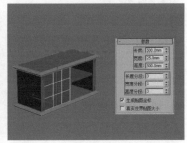
图4-105

17 切换到左视图，按1键进入【顶点】层级，将顶点调整为图4-106所示的样子。

18 按4键进入【多边形】层级，选择如图4-107所示的面，打开【编辑多边形】卷展栏，单击 插入 按钮后的□（设置）按钮，设置【插入-数量】为20mm，如图4-108所示。

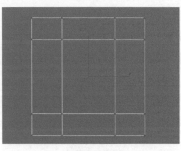

图4-106

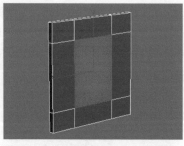

图4-107

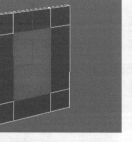

图4-108

19 选择如图4-109所示的面，单击 挤出 按钮后的 ▢（设置）按钮，设置【挤出多边形-高度】为-8mm，如图4-110所示。

图4-109

图4-110

20 按2键进入【边】层级，选择如图4-111所示的边，打开【编辑边】卷展栏，单击 切角 按钮后的 ▢（设置）按钮，设置【切角-数量】为2mm，如图4-112所示。

21 使用 切角圆柱体 创建一个切角圆柱体，将其作为拉手，位置及参数如图4-113所示。

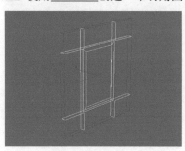

图4-111

图4-112

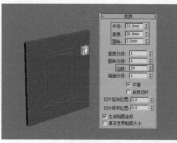

图4-113

22 使用 长方体 创建一个长方体，设置【长度】为65mm、【宽度】为50mm、【高度】为60mm、【高度分段】为3，如图4-114所示，完成创建后将长方体转换为多边形对象。

23 切换到前视图，按1键进入【顶点】层级，调整顶点的位置，如图4-115所示。

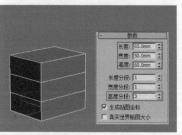

图4-114

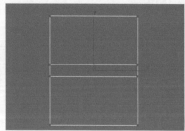

图4-115

24 切换到透视图，按4键进入【多边形】层级，选择如图4-116所示的面，打开【编辑多边形】层级，单击 挤出 按钮后的 ▢（设置）按钮，选择【挤出多边形-本地法线】，设置【挤出多边形-高度】为-10mm，如图4-117所示。

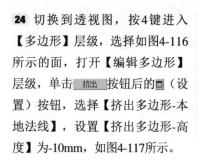

图4-116

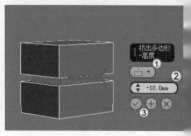

图4-117

25 按2键切换到【边】层级，选择如图4-118所示的边，打开【编辑边】卷展栏，单击 切角 按钮后的 ▣ （设置）按钮，设置【切角-数量】为2mm，如图4-119所示。

26 按2键退出【边】层级，将其移动到柜子模型的最下方，作为柜脚，并复制3个柜脚，如图4-120所示。此时，电视柜模型就制作完成了。

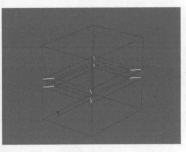
图4-118

图4-119

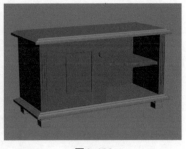
图4-120

【案例总结】

　　相对于之前的模型，因为电视柜各个部分的细节比较多，所以步骤比较多。本例使用基础建模技术的思路，即将对象细分为各个小部分，然后使用多边形建模去表现各个小部分的细节，最后再将各个部分组合成对象。这种建模方法看似增加了建模的繁琐程度，但是不会因为对象结构复杂，造成建模思路混乱，从而降低了建模的错误率，间接地提高了建模的效率。

拓展练习

场景位置	无
实例位置	练习 > 实例文件 >CH04> 练习 34.max
视频文件	多媒体教学 >CH04> 练习 34.mp4

扫码观看视频

　　这是一个制作写字台的练习，制作思路如图4-121所示。

　　第1步：使用 长方体 创建一个长方体，设置分段数，并将其转化为可编辑对象。

　　第2步：使用 挤出 、 切角 编辑出写字台的轮廓。

　　第3步：使用 长方体 创建写字台的台面。

　　第4步：使用 长方体 创建抽屉。

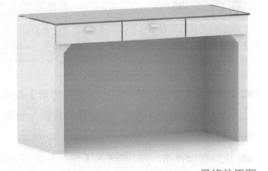
最终效果图

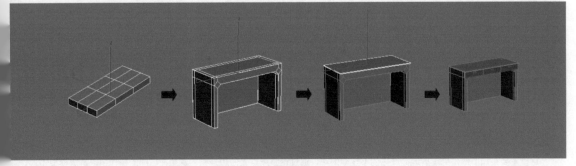
图4-121

95

案例 35
浴缸

场景位置	无
实例位置	案例 > 实例文件 >CH04> 案例 35.max
视频文件	多媒体教学 >CH04> 案例 35.mp4
技术掌握	调整顶点、倒角、【涡轮平滑】修改器、【壳】修改器

扫码观看视频

【制作分析】

浴缸的制作重点在于制作内槽部分，因为内槽是一个异形的曲面，所以本例将使用调节顶点的方法和 倒角 来创建内槽的轮廓，同时使用【布尔】工具制作排水口。

最终效果图

【制作步骤】

01 使用 平面 创建一个平面，设置【长度】为1 600mm、【宽度】为800mm、【长度分段】为6、【宽度】分段为9，如图4-122所示，创建完成后将平面转换为多边形对象。

02 切换到顶视图，按1键进入【顶点】层级，调整顶点位置，如图4-123所示。

技巧与提示

在调整顶点的时候，不要调整最外面的顶点，以保持平面大小不变。

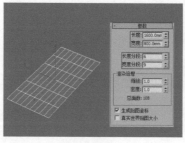

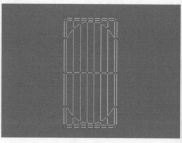

图4-122

图4-123

03 切换到透视图，按4键进入【多边形】层级，选择如图4-124所示的面，打开【编辑多边形】卷展栏，单击 倒角 按钮后的□（设置）按钮，设置【倒角-高度】为-400mm、【倒角-轮廓】为-100mm，如图4-125所示。

04 切换到顶视图，按1键进入【顶点】层级，对顶点进行调整，如图4-126所示。

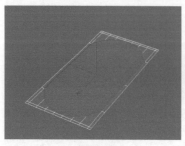

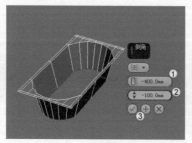

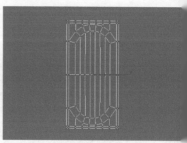

图4-124

图4-125

图4-126

技巧与提示

这里主要是调节倒角处理后地面产生的不规则的边，通过调整顶点来使边规则，避免在后面的操作中，造成模型错误。

05 按1键退出【顶点】层级，在
【修改器列表】中选择【壳】修
改器，设置【外部量】为10mm，
如图4-127所示，完成操作后，将
对象转化为可编辑对象。

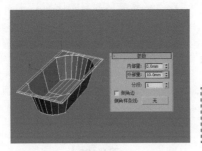

图4-127

技巧与提示

之所以要转化为多边形对象，因
为还要进行切角和平滑操作。

06 按2键进入【边】层级，选择如图4-128所示的边，打开【编辑
边】卷展栏，单击 切角 按钮后的 □（设置）按钮，设置【切角-数
量】为2mm，如图4-129所示。

图4-128

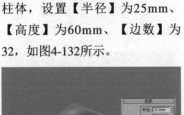

图4-129

技巧与提示

为了得到浴缸内槽底部圆滑的效
果图，这里并为选择内槽底部的边，
如图4-130所示。

图4-130

07 按2键退出【边】层级，在
【修改器列表】中选择【涡轮平
滑】修改器，设置【迭代次数】
为3，如图4-131所示。

08 使用 圆柱体 创建一个圆
柱体，设置【半径】为25mm、
【高度】为60mm、【边数】为
32，如图4-132所示。

技巧与提示

因为这里要使用圆柱体进行布尔
运算，制作浴缸的排水口，所以圆柱
体应贯穿浴缸底部，如图4-133所示。

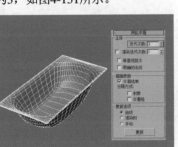

图4-131

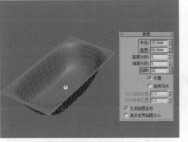

图4-132

图4-133

09 选择浴缸模型，执行 ✛（创
建）→ ◯（几何体）→复合对象
→ 布尔 ，单击 拾取操作对象B 按
钮，选择圆柱体模型，如图4-134
所示，单击 ◪（修改）按钮，进入
【修改】面板，选择【差集（A-
B）】，如图4-135所示。

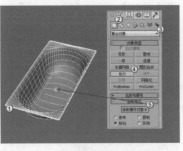

图4-134

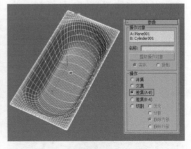

图4-135

技巧与提示

制作排水口同样可以使用多边形建模技术，即对顶点进行调整，然后删除面。但是使用【布尔】工具速度更快。

10 用同样的方法制作出另一个排水口，如图4-136所示。

11 使用 圆柱体 创建一个圆柱体，设置【半径】为25mm、【高度】为10mm，如图4-137所示，完成创建后将圆柱体转换为多边形对象。

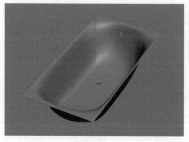

图4-136

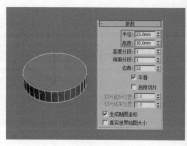

图4-137

技巧与提示

这里最好是将两个圆柱体塌陷成1个物体，然后进行布尔运算。

12 按4键进入【多边形】层级，选择如图4-138所示的面，使用 倒角 将其处理成如图4-139所示的形态。

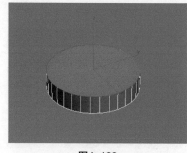

图4-138

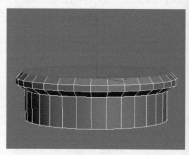

图4-139

13 按2键进入【边】层级，选择如图4-140所示的边，打开【编辑边】卷展栏，单击 切角 按钮后的□（设置）按钮，设置【切角-数量】为0.5mm，如图4-141所示。

图4-140

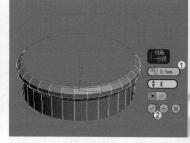

图4-141

14 按2键退出【边】层级，在【修改器列表】中选择【涡轮平滑】修改器，设置【迭代次数】为2，将其复制1个，将它们移动到排水口处，对排水口进行填补，如图4-142所示。

15 使用 切角长方体 创建一个切角长方体，设置【长度】为2 400mm、【宽度】为1 200mm、【高度】为500mm、【圆角】为20mm、【圆角分段】为2，如图4-143所示。

16 将长方体沿z轴向上复制一个，将【长度】改为1 600mm、【宽度】改为800mm，如图4-144所示。

图4-142

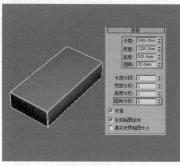

图4-143

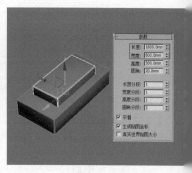

图4-144

98

17 选中下面的切角长方体，执行 ▦（创建）→ ○（几何体）→ 复合对象 → 布尔，单击 拾取操作对象B 按钮，选择上面的切角长方体，如图4-145所示，单击 ▣（修改）按钮，进入【修改】面板，选择【切割】>【移除内部】，如图4-146所示。

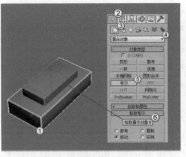
图4-145

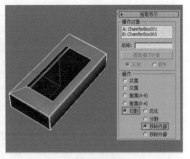
图4-146

18 将浴缸模型移动到布尔运算后的切角长方体上，组成完整的浴缸模型，如图4-147所示。

19 将之前创建的水龙头模型合并到浴缸模型中，如图4-148所示。此时，浴缸模型就制作完成了。

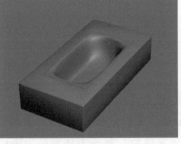
图4-147

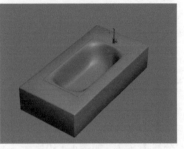
图4-148

【案例总结】

浴缸模型的制作主要运用了多边形建模技术、【布尔】工具、【壳】修改器。本例是一个创建异形对象的练习，学习重点在于通过调节顶点来编辑出浴缸凹槽的线形形状，具体调节方法可以参考本例的教学视频；同时，合理地使用 切角 和【涡轮平滑】修改器，在不影响模型形态的前提下，制作出圆滑的内槽。另外，本例还运用了【布尔】运算工具来简化建模，起到了事半功倍的效果。

拓展练习

场景位置	无
实例位置	练习 > 实例文件 >CH04> 练习 35.max
视频文件	多媒体教学 >CH04> 练习 35.mp4

这是一个制作坐便器的练习，制作思路如图4-149所示。

第1步：使用 长方体 创建一个长方体，设置分段数，并将其转换为多边形对象。

第2步：调整长方体的顶点，使用 倒角 制作出坐便器的主体部分。

第3步：使用 长方体 创建坐便器的盖子。

第4步：使用 管状体 和 圆柱体 创建坐便器的冲水开关。

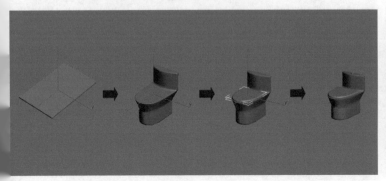
图4-149

最终效果图

99

案例 36
单扇门

场景位置	无
实例位置	案例 > 实例文件 >CH04> 案例 36.max
视频文件	多媒体教学 >CH04> 案例 36.mp4
技术掌握	调整顶点的方法、倒角工具、挤出工具

【制作分析】

门的制作重点在于门表面的凹凸图案，凹凸效果可以使用 `挤出` 和 `倒角` 工具来制作，图案则通过调整顶点位置和编辑结构边来得到。

最终效果图

【制作步骤】

01 使用 `长方体` 创建一个长方体，设置【长度】为900mm、【宽度】为40mm、【高度】为2 000mm、【长度分段】为3、【高度分段】为7，如图4-150所示，创建完成后，将长方体转换为多边形对象。

02 切换到左视图，按1键进入【顶点】层级，调整多边形对象的顶点位置，如图4-151所示。

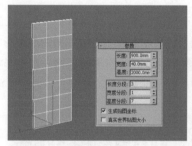

图4-150

图4-151

03 切换到透视图，按2键进入【边】层级，选择如图4-152所示的边，打开【编辑边】卷展栏，单击 `切角` 按钮后的 □（设置）按钮，设置【切角-数量】为10mm，如图4-153所示。

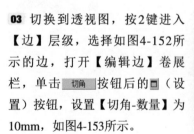

图4-152

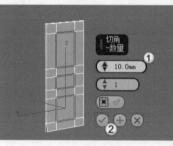

图4-153

04 按4键进入【多边形】层级，选择如图4-154所示的面，打开【编辑多边形】卷展栏，单击 `挤出` 按钮后的 □（设置）按钮，设置【挤出多边形-高度】为5mm，如图4-155所示。

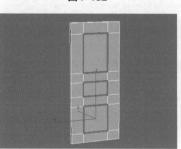

图4-154

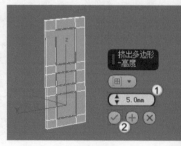

图4-155

05 选择如图4-156所示的面，单击 倒角 按钮后的 □（设置）按钮，设置【倒角-高度】为-15mm、【倒角-轮廓】为-30mm，如图4-157所示。

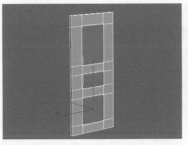

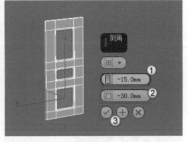

图4-156　　　　　　　　　图4-157

06 按2键进入【边】层级，选择如图4-158所示的边，打开【编辑边】卷展栏，单击 切角 按钮后的 □（设置）按钮，设置【切角-数量】为5mm，如图4-159所示。

07 下面制作门拉手。使用 长方体 创建一个长方体，设置【长度】为30mm、【宽度】为8mm、【高度】为180mm、【高度分段】为3，如图4-160所示，创建完成后，将长方体转换为多边形对象。

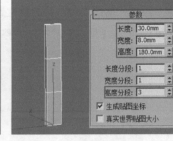

图4-158　　　　　　　　　图4-159　　　　　　　　　图4-160

08 切换到左视图，按1键进入【顶点】层级，调整顶点位置，如图4-161所示。

09 切换到透视图，按2键进入【边】层级，选择如图4-162所示的边，打开【编辑边】卷展栏，单击 切角 按钮后的 □（设置）按钮，设置【切角-数量】为1mm，如图4-163所示。

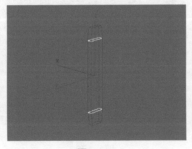

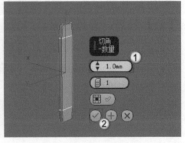

图4-161　　　　　　　　　图4-162　　　　　　　　　图4-163

10 按2键退出【边】层级，在【修改器列表】中选择【涡轮平滑】修改器，设置【迭代次数】为2，如图4-164所示。

11 使用 长方体 创建一个长方体，设置【长度】为18mm、【宽度】为120mm、【高度】为18mm、【宽度分段】为2，如图4-165所示，创建完成后，将长方体转换为多边形对象。

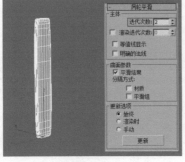

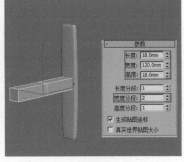

图4-164　　　　　　　　　图4-165

12 切换到前视图，按1键进入【顶点】层级，调整顶点，如图4-166所示。

13 切换到透视图，按4键进入【多边形】层级，选择如图4-167所示的面，打开【编辑多边形】卷展栏，单击 挤出 按钮后的 □（设置）按钮，设置【挤出多边形-高度】为120mm，如图4-168所示。

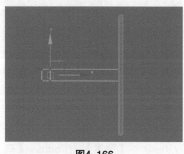
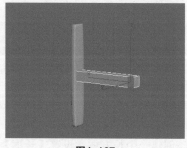
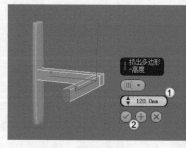

图4-166 　　　　　　　　　　图4-167 　　　　　　　　　　图4-168

14 切换到左视图，按2键进入【边】层级，框选如图4-169所示的边，打开【编辑边】卷展栏，使用 连接 添加一圈结构边，并调整位置，如图4-170所示。

15 按1键进入【顶点】层级，调整顶点，如图4-171所示。

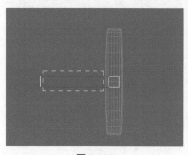
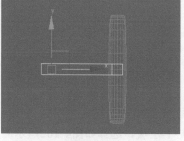
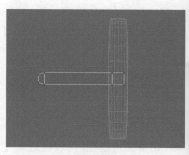

图4-169 　　　　　　　　　　图4-170 　　　　　　　　　　图4-171

16 切换到透视图，按2键进入【边】层级，选择如图4-172所示的边，打开【编辑边】卷展栏，单击 切角 按钮后的 □（设置）按钮，设置【切角-数量】为2mm，如图4-173所示。

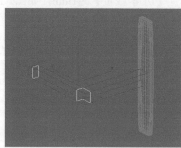

图4-172 　　　　　　　　　　图4-173

17 按2键退出【边】层级，在【修改器列表】中选择【涡轮平滑】修改器，设置【迭代次数】为2，这样就完成了门拉手的制作，将其移动到门模型上，如图4-174所示。

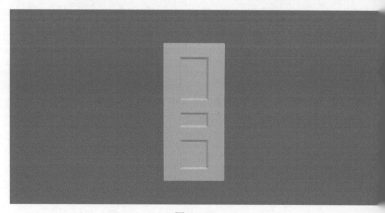

图4-174

18 为门创建一个外框，完成门模型的制作，如图4-175所示。

图4-175

【案例总结】

门是效果图制作中比较常见的对象，它的制作比较简单。其实门的制作可以使用【布尔】来制作，但是相对于【布尔】，多边形建模在思路上更直接，在操作上更流畅。

拓展练习

场景位置	无
实例位置	练习 > 实例文件 >CH04> 练习 36.max
视频文件	多媒体教学 >CH04> 练习 36.mp4

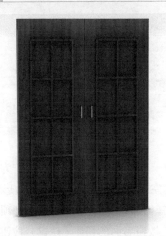

这是一个制作双扇门的练习，制作思路如图4-176所示。

第1步：使用 长方体 创建一个长方体，设置分段数，并转换为多边形对象。

第2步：使用多边形建模制作门的凹凸效果。

第3步：为门制作门拉手。

第4步：使用 （镜像）复制一个门模型，调整位置，完成双扇门的制作。

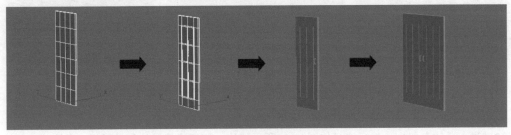

图4-176

103

案例 37
中式茶几

场景位置	无
实例位置	案例 > 实例文件 >CH04> 案例 37.max
视频文件	多媒体教学 >CH04> 案例 37.mp4
技术掌握	挤出工具 挤出 、连接工具 连接 、桥工具 桥

扫码观看视频

【制作分析】

中式茶几的制作重点是茶几台面的结构，与前面的建模相同，本例同样使用多边形建模技术来制作中式茶几。

最终效果图

【制作步骤】

01 使用 切角长方体 创建一个切角长方体，设置【长度】为1 250mm、【宽度】为950mm、【高度】为30mm、【圆角】为1mm、【圆角分段】为3，取消勾选【平滑】，如图4-177所示。

02 使用 切角长方体 再创建一个切角长方体，设置【长度】为48mm、【宽度】为48mm、【高度】为200mm、【圆角】为1mm、【圆角分段】为3，取消勾选【平滑】，如图4-178所示，复制3个切角长方体到另外3个角上，如图4-179所示。

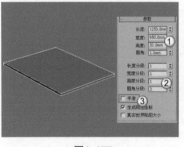

图4-177

图4-178

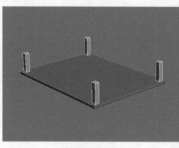

图4-179

03 使用 长方体 在支柱的上方创建一个长方体，设置【长度】为1 250mm、【宽度】为900mm、【高度】为50mm，如图4-180所示，创建完成后将长方体转换为多边形对象。

04 按4键进入【多边形】级别，选择如图4-181所示的多边形（顶部和底部的多边形都要选择），打开【编辑多边形】卷展栏，单击 插入 按钮后面的钮□（设置）按钮，设置【插入-数量】为40mm，如图4-182所示。

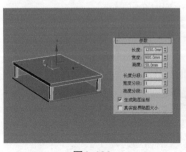

图4-180

图4-181

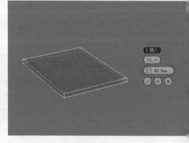

图4-182

05 保持对多边形的选择，单击 挤出 按钮后面的□（设置）按钮，选择【挤出多边形-局部法线】，设置【挤出多边形-高度】为-2mm，如图4-183所示。

06 按2键进入【边】级别，然后选择如图4-184所示的边，打开【编辑边】卷展栏，单击 连接 按钮后

面的 ▢（设置）按钮，设置【连接边-分段】为1，如图4-185所示。

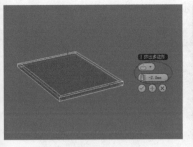

图4-183

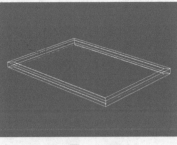

图4-184

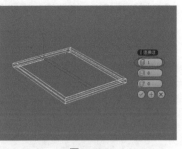

图4-185

07 按4键进入【多边形】级别，选择如图4-186所示的多边形（顶部和底部的都要选择），打开【编辑多边形】卷展栏，单击 倒角 按钮后的 ▢（设置）按钮，设置【倒角-高度】为1.5mm、【倒角-轮廓】为-1mm，如图4-187所示。

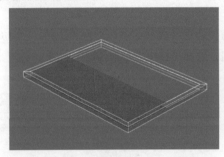

图4-186

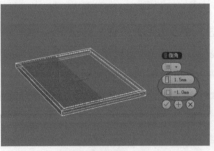

图4-187

08 按2键进入【边】级别，选择如图4-188所示的边，打开【编辑边】卷展栏，单击 连接 按钮后的 ▢（设置）按钮，设置【连接边-分段】为1、【连接边-滑块】为25，如图4-189所示。

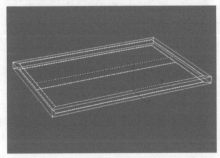

图4-188

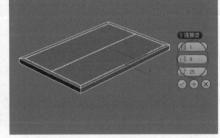

图4-189

09 选择如图4-190所示的边，单击 连接 按钮后的 ▢（设置）按钮，设置【连接边-分段】为1、【连接边-滑块】为 25，如图4-191所示。

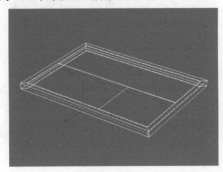

图4-190

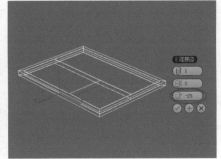

图4-191

10 选择连接出来的边，如图4-192所示，然后在【编辑边】卷展栏下单击【切角】按钮 切角 后面的【设置】按钮▣，接着设置【切角-边切角量】为10mm，如图4-193所示。

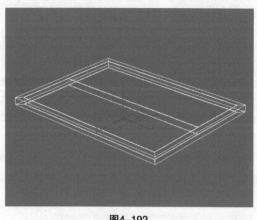

图4-192

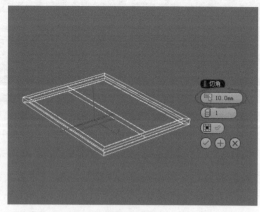

图4-193

11 按4键进入【多边形】级别，选择图4-194所示的多边形（底部的多边形也要选择），打开【编辑多边形】卷展栏，单击 挤出 按钮后的▣（设置）按钮，选择【挤出多边形-局部法线】，设置【挤出多边形-高度】为-25mm，如图4-195所示。

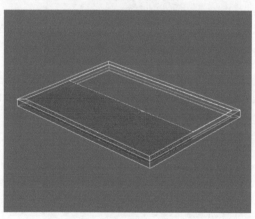

图4-194

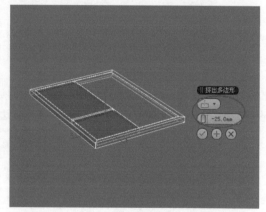

图4-195

12 按2进入【边】级别，选择如图4-196所示的边，打开【编辑边】卷展栏，单击 连接 按钮后的▣（设置）按钮，设置【连接边-分段】为30，如图4-197所示。

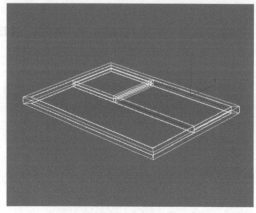

图4-196

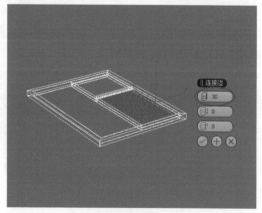

图4-197

13 按4键进入【多边形】级别，选择如图4-198所示的多边形（底部的多边形也要选择），打开【编辑多边形】卷展栏，单击 [桥] 按钮，效果如图4-199所示。

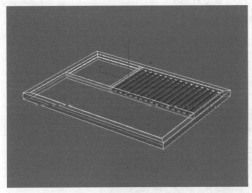

图4-198

图4-199

14 按2键进入【边】级别，选择如图4-200所示的边，打开【编辑边】卷展栏，单击 [切角] 按钮后的 [□]（设置）按钮，设置【切角-边切角量】为2mm、【切角-连接边分段】为2，如图4-201所示。

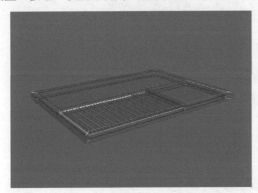

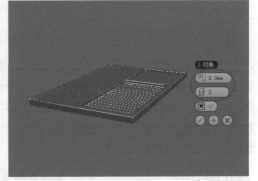

图4-200

图4-201

15 继续使用多边形建模技法制作出其他的模型，最终效果如图4-202所示。

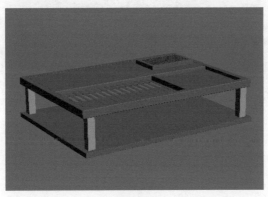

图4-202

【案例总结】

　　对于茶几模型，在前几章中也制作过，但都是相对来说结构比较单一的，本例的中式茶几，茶几台面的结构比较丰富，也是本例的制作难点，本例主要使用 [挤出] 和 [桥] 来完成这部分结构的制作。建模没有什么纯粹的公式可循，都是针对不同对象进行灵活处理，选择最适合的方法进行建模，当然，前提是牢固掌握各种建模方法和建模思路。

中文版 3ds Max/VRay 效果图制作案例教程（微课版）

拓展练习

场景位置	无
实例位置	练习 > 实例文件 >CH04> 练习 37.max
视频文件	多媒体教学 >CH04> 练习 37.mp4

扫码观看视频

这是一个制作酒柜的练习，制作思路如图4-203所示。

第1步：使用 长方体 创建一个长方体，设置分段数，将其转换为多边形对象。

第2步：对长方体进行编辑，编辑出酒柜的主体。

第3步：复制两个对象，将它们组合到一起。

第4步：制作酒柜台面和拉手模型。

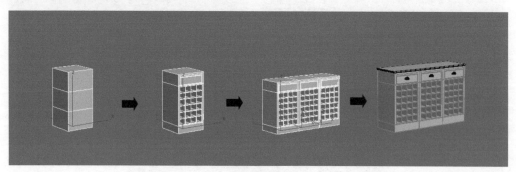

图4-203

第 05 章

材质与贴图技术

材质主要用于表现物体的颜色、质地、纹理、透明度和光泽等特性，依靠各种类型的材质可以制作出现实世界中的任何物体。与建模不同，材质是模拟对象的本质，而不是外观，所以对象的逼真度、精细度都与材质有直接关联。从本章开始，我们将进入效果图制作的另一个重要技术——材质与贴图技术，本章将介绍重要材质球和贴图的使用方法，以及如何使用材质球结合不同的程序贴图制作出简单的材质。

知识技法掌握

掌握【材质编辑器】的使用方法

掌握加载 VRay 渲染器的使用方法

掌握 VRayMtl、【 VRay 灯光 】、【 混合 】、【 多维 / 子对象 】材质球的使用方法

掌握【 位图 】、【 衰减 】、【 噪波 】程序贴图的使用方法

掌握材质 ID 的分配方法

掌握【 UVW 贴图 】修改器的使用方法

掌握玻璃、地板、布料等常规材质的制作方法

案例 38 认识材质编辑器

场景位置	无
实例位置	无
视频文件	多媒体教学 >CH05> 案例 38.mp4
技术掌握	材质编辑器、指定材质的方法、材质球的创建方法

扫码观看视频

01 启动3ds Max 2014，单击主工具栏的 （材质编辑器）。打开【Slate材质编辑器】，如图5-1所示。

技巧与提示

在实际工作中，常使用M键打开【材质编辑器】。

02 首先打开【材质编辑器】，系统默认打开的是【Slate材质编辑器】，执行【模式】>【精简材质编辑器】命令，如图5-2所示，【材质编辑器】对话框变为如图5-3所示对话框。

图5-1

图5-2

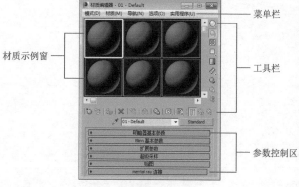

菜单栏

材质示例窗

工具栏

参数控制区

图5-3

技巧与提示

在工作中，通常使用【精简材质编辑器】进行材质制作。

下面介绍重要工具的使用方法。

Standard （材质球通道按钮）：单击该按钮，可以打开【材质/贴图浏览器】对话框，双击对话框中的材质名称可以新建对应的材质球。

（将材质指定给选定对象）：选中需要添加材质的模型，然后选择材质，单击该按钮可以将材质添加到模型上，如图5-4所示。

（视口中显示明暗处理材质）：在某些情况下，指定了材质后，视口中的模型未出现材质，单击该按钮，可以显示材质效果。

（转到父层级）：单击该按钮，可以回到上一层级。

（从对象拾取材质）：选择材质球后，使用该工具可以从模型上获取材质。

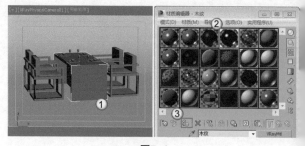

图5-4

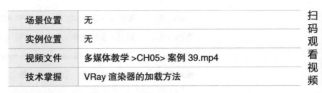

场景位置	无
实例位置	无
视频文件	多媒体教学 >CH05> 案例 39.mp4
技术掌握	VRay 渲染器的加载方法

案例 39
加载 VRay 渲染器

扫码观看视频

VRay渲染器是一款3ds Max常用的渲染器插件，其主要作用是为3ds Max提供强大的渲染功能。另外，VRay渲染器也提供了常用的建模、灯光、材质工具，例如，本章介绍的VRayMtl等材质球就是VRay渲染器提供的。

01 在装有3ds Max 2014的电脑上安装VRay渲染器，版本为VRay 2.40 for 3ds Max 2014。

02 安装好VRay渲染器后，单击工具栏中的【渲染设置】按钮 或按F10键打开【渲染设置】对话框，如图5-5所示。

图5-5

03 首先打开【指定渲染器】卷展栏，接着单击【产品级】后面的加载按钮 ，最后在弹出的对话框中选择已经安装好的VRay渲染器，如图5-6所示。加载后的对话框如图5-7所示。

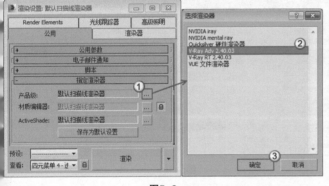

图5-6   图5-7

04 按M键打开【材质编辑器】，单击 Standard 按钮，打开【材质/贴图浏览器】对话框，此时对话框中已经有了VRay卷展栏，包括了VRay渲染器的所有材质球类型，如图5-8所示。

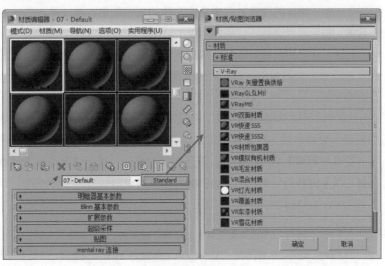

图5-8

111

案例 40
VRayMtl：清玻璃

场景位置	案例 > 场景文件 >CH05> 案例 40.max
实例位置	案例 > 实例文件 >CH05> 案例 40.max
视频文件	多媒体教学 >CH05> 案例 40.mp4
技术掌握	VRayMtl 材质、【反射】参数、【折射】参数

扫码观看视频

【制作分析】

清玻璃多用于办公室、酒吧、KTV、浴室等场景，也常用于茶几、餐桌等家具。清玻璃的物理属性是高光、透明、有颜色、有反射，对于这类材质的制作，可以根据设计需要决定其透明度、色彩浓度，不一定要做到完全透明。

【重点工具】　　　　　　　　　　　　　　　　　　　　最终效果图

本例介绍的是VRayMtl材质，这是使用频率最高的一种材质，也是使用范围最广的一种材质，常用于制作室内外效果图的各种材质，其参数设置面板如图5-9所示。

① 【基本参数】卷展栏

展开【基本参数】卷展栏，如图5-10所示。

图5-9

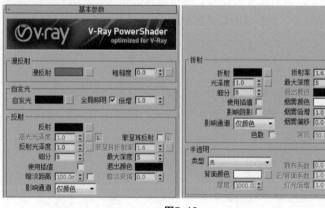

图5-10

重要参数介绍

漫反射：物体的漫反射用来决定物体的表面颜色。通过单击它的色块，可以调整自身的颜色。单击右边的■按钮可以选择不同的贴图类型。

反射：这里的反射是靠颜色的灰度来控制的，颜色越白反射越亮，越黑反射越弱；而这里选择的颜色则是反射出来的颜色，和反射的强度是分开计算的。单击旁边的■按钮，可以使用贴图的灰度来控制反射的强弱。

菲涅耳反射：勾选该选项后，反射强度会与物体的入射角度有关系，入射角度越小，反射越强烈。当垂直入射的时候，反射强度最弱。同时，菲涅耳反射的效果也和下面的【菲涅耳折射率】有关。当【菲涅耳折射率】为0或100时，将产生完全反射；而当【菲涅耳折射率】从1变化到0时，反射渐强烈；同样，当菲涅耳折射率从1变化到100时，反射也渐强烈。

技巧与提示

【菲涅耳反射】是模拟真实世界中的一种反射现象，反射的强度与摄影机的视点和具有反射功能的物体的角度有关。角度值接近0时，反射最强；当光线垂直于表面时，反射功能最弱，这也是物理世界中的现象。

高光光泽度：控制材质的高光大小，默认情况下和【反射光泽度】一起关联控制，可以通过单击旁边的L按钮来解除锁定，从而可以单独调整高光的大小。

反射光泽度：通常也被称为【反射模糊】。物理世界中所有的物体都有反射光泽度，只是或多或少而已。默认值1表示没有模糊效果，而越小的值表示模糊效果越强烈。单击右边的▓按钮，可以通过贴图的灰度来控制反射模糊的强弱。

细分：用来控制【反射光泽度】的品质，较高的值可以取得较平滑的效果，而较低的值可以让模糊区域产生颗粒效果。注意，细分值越大，渲染速度越慢。

折射：和反射的原理一样，颜色越白，物体越透明，进入物体内部产生折射的光线也就越多；颜色越黑，物体越不透明，产生折射的光线也就越少。单击右边的▓按钮，可以通过贴图的灰度来控制折射的强弱。

折射率：设置透明物体的折射率。

光泽度：用来控制物体的折射模糊程度。值越小，模糊程度越明显；默认值1不产生折射模糊。单击右边的按钮▓，可以通过贴图的灰度来控制折射模糊的强弱。

细分：用来控制折射模糊的品质，较高的值可以得到比较光滑的效果，但是渲染速度会变慢；而较低的值可以使模糊区域产生杂点，但是渲染速度会变快。

影响阴影：这个选项用来控制透明物体产生的阴影。勾选该选项时，透明物体将产生真实的阴影。注意，这个选项仅对【VRay灯光】和【VRay阴影】有效。

烟雾颜色：这个选项可以让光线通过透明物体后使光线变少，就好像和物理世界中的半透明物体一样。这个颜色值和物体的尺寸有关，对于厚的物体，颜色需要设置淡一点才有效果。

烟雾倍增：可以理解为烟雾的浓度。值越大，雾越浓，光线穿透物体的能力越差。不推荐使用大于1的值。

②【双向反射分布函数】卷展栏

展开【双向反射分布函数】卷展栏，如图5-11所示。

重要参数介绍

图5-11

明暗器列表：包含3种明暗器类型，分别是反射、多面和沃德。反射适合硬度很高的物体，高光区很小；多面适合大多数物体，高光区适中；沃德适合表面柔软或粗糙的物体，高光区最大。

各向异性（–1..1）：控制高光区域的形状，可以用该参数来设置拉丝效果。

旋转：控制高光区的旋转方向。

③【选项】卷展栏

展开【选项】卷展栏，如图5-13所示，该选项组常用的是【跟踪反射】选项，用于控制光线是否追踪反射。如果不勾选该选项，VRay将不渲染反射效果。

④【贴图】卷展栏

展开【贴图】卷展栏，如图5-14所示。

图5-13

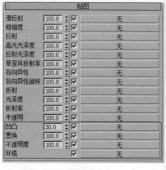

图5-14

重要参数介绍

凹凸：主要用于制作物体的凹凸效果，在后面的通道中可以加载一张凹凸贴图。

置换：主要用于制作物体的置换效果，在后面的通道中可以加载一张置换贴图。

不透明度：主要用于制作透明物体，如窗帘、灯罩等。

环境：主要是针对上面的一些贴图而设定的，如反射、折射等，只是在其贴图的效果上加入了环境贴图效果。

技巧与提示

在每个贴图通道后面都有一个数值输入框，该输入框内的数值主要有以下两个功能。

功能一：用于调整参数的强度。如在【凹凸】贴图通道中加载了凹凸贴图，那么该参数值越大，所产生的凹凸效果就越强烈。

功能二：用于调整参数颜色通道与贴图通道的混合比例。如在【漫反射】通道中既调整了颜色，又加载了贴图，如果此时数值为100，就表示只有贴图产生作用；如果数值调整为50，则两者各作用一半；如果数值为0，则贴图将完全失效，只表现为调整的颜色效果。

【制作步骤】

01 打开光盘文件中的"场景文件>CH05>案例40.max"文件。

02 按M键打开【材质编辑器】，新建一个VRayMtl材质球，具体参数设置如图5-15所示，材质球效果如图5-16所示。

设置步骤

① 设置【漫反射】颜色为（红：37，绿：60，蓝：45）。

② 设置【反射】颜色为（红：121，绿：121，蓝：121），然后设置【高光光泽度】为0.9、【反射光泽度】为1。

③ 设置【折射】颜色为（红：242，绿：242，蓝：242），设置【折射率】为1.5，勾选【影响阴影】选项。

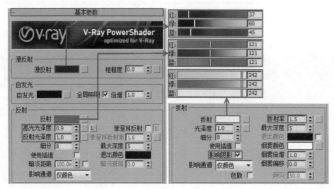

图5-16

03 将材质球指定给茶几的台面模型，材质效果如图5-17所示。

图5-17

技巧与提示

要得到表格中的渲染效果，必须对场景渲染，因为在后面才介绍渲染的方法，所以这里是无法进行渲染的。读者可以打开【案例文件】，【案例文件】中已经设置好了灯光、材质、摄影机，直接渲染即可，按F9键渲染摄影机视图即可得到渲染效果。

【案例总结】

在制作有色透明玻璃的时候，不仅要注意勾选【影响阴影】选项，同时也要注意设置【烟雾颜色】等相关参数，否则玻璃将不会出现【有色】这一特征。另外，有色透明玻璃的重心在于其色彩，所以其透明度可以根据实际需求来决定。

拓展练习		扫码观看视频
场景位置	练习 > 场景文件 >CH05> 练习 40.max	
实例位置	练习 > 实例文件 >CH05> 练习 40.max	
视频文件	多媒体教学 >CH05> 案例 40.mp4	

这是一个制作普通玻璃的练习，普通玻璃的物理属性是透明、无色、有反射。这类玻璃的直观表现是无论白天还是夜晚，透过玻璃都可以看到室外的场景，也可以通过玻璃隐约地反射出室内场景。

案例 41

VRay 灯光：显示屏

场景位置	案例 > 场景文件 >CH05> 案例 41.max
实例位置	案例 > 实例文件 >CH05> 案例 41.max
视频文件	多媒体教学 >CH05> 案例 41.mp4
技术掌握	【VRay 灯光】材质、【位图】贴图

扫码观看视频

【制作分析】

显示屏用于电视机、电脑等电子显示设备，它们的共同点就是自带发光效果。所以，本例选用自带发光效果的【VRay灯光】来制作显示屏材质。

最终效果图

【重点工具】

本例介绍的是【VRay灯光】材质。它主要用来模拟自发光效果，常用于制作电脑、电视、发光灯管等对象的材质。在【材质/贴图浏览器】对话框中可以找到【VRay灯光材质】，其参数设置面板如图5-18所示。

图5-18

重要参数介绍

颜色：设置对象自发光的颜色，后面的输入框用于设置自发光的【强度】。通过后面的贴图通道可以加载贴图来代替自发光的颜色。

不透明度：用贴图来指定发光体的透明度。

背面发光：当勾选该选项时，它可以让材质光源双面发光。

【制作步骤】

01 打开光盘文件中的"场景文件>CH05>案例41.max"文件。

02 新建一个【VRay灯光】材质球，具体参数设置如图5-19所示，材质球效果如图5-20所示。

设置步骤

① 设置【颜色】为白色。

② 在【颜色】后的贴图通道中加载一个【位图】贴图，选择文件夹中的一张风景图片。

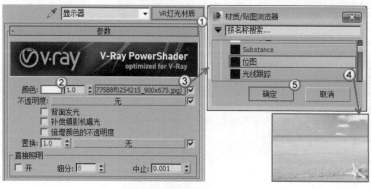

图5-19

图5-20

中文版 3ds Max/VRay 效果图制作案例教程（微课版）

03 将制作的材质指定给视图中的显示屏，视图显示效果如图5-21所示。

04 选择显示屏模型，在【修改器列表】中加载一个【UVW贴图】修改器，选择【平面】，保持其他参数不变，如图5-22所示。

图5-21   图5-22

技巧与提示

【UVW贴图】只针对于材质贴图的修改器，可以根据模型的轮廓选择【贴图】的类型，然后调整【长度】、【宽度】和【高度】来控制贴图的比例大小。

【案例总结】

【VRay灯光】材质在效果图中主要用于制作发光对象的材质，可以直接通过设置颜色和强度来控制发光的亮度和颜色，也可以像本例这样，通过贴图来控制发光对象的效果。

拓展练习	场景位置	练习 > 场景文件 >CH05> 练习 41.max
	实例位置	练习 > 实例文件 >CH05> 练习 41.max
	视频文件	多媒体教学 >CH05> 案例 41.mp4

扫码观看视频

这是一个制作发光灯管的实例，其制作方法与显示屏类似，直接设置【VRay灯光】材质的【颜色】和强度即可。

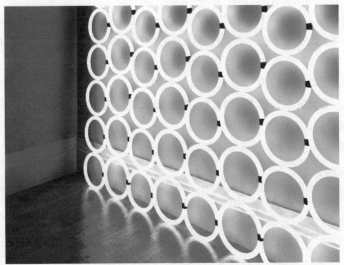

案例 42
混合材质：夹丝玻璃

场景位置	案例 > 场景文件 >CH05> 案例 42.max
实例位置	案例 > 实例文件 >CH05> 案例 42.max
视频文件	多媒体教学 >CH05> 案例 42.mp4
技术掌握	【混合】材质、VRayMrl 材质、钢材质

扫码观看视频

【制作分析】

　　夹丝玻璃不仅保留了普通玻璃的光滑、高光、光线通透性好的特效，更独特的是玻璃中内嵌有金属丝，所以可以简单地理解为这种玻璃是由玻璃材质和金属材质混合而成的。根据上述分析，这里采用【混合】材质来制作这种材质。

【重点工具】

　　本例介绍的是【混合】材质，它可以在模型的单个面上将两种材质通过一定的百分比进行混合，其参数设置面板如图5-23所示。

重要参数介绍

　　材质1/材质2：可在其后面的材质通道中对两种材质分别进行设置。

　　遮罩：可以选择一张贴图作为遮罩。利用贴图的灰度值可以决定【材质1】和【材质2】的混合情况。

　　混合量：控制两种材质混合百分比。如果使用遮罩，则【混合量】选项将不起作用。

　　交互式：用来选择哪种材质在视图中以实体着色方式显示在物体的表面。

最终效果图

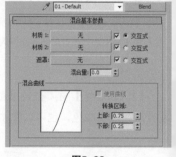

图5-23

【制作步骤】

01 打开光盘文件中的"场景文件>CH05>案例42.max"文件。

02 因为要再一个材质球上表现两种材质效果，新建一个【混合】材质球，将其命名为【夹丝玻璃】，为【材质1】和【材质2】分别加载一个VRayMtl材质球，并命名为【玻璃材质】和【钢材质】，选择【材质1】后面的【交互式】，将玻璃材质置于整个材质的表面，如图5-24所示。

03 设置【材质1】的玻璃材质参数。设置【反射】颜色为（红：72，绿：72，蓝：72），设置【高光光泽度】为0.92、【反射光泽度】为0.88，模拟玻璃表面的高光反射效果；设置【折射】颜色为（红：240，绿：240，蓝：240）、【烟雾颜色】为（红：241，绿：255，蓝：255）、【烟雾倍增】为0.002，模拟玻璃的透光效果，参数设置如图5-25所示。

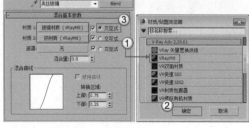

图5-24

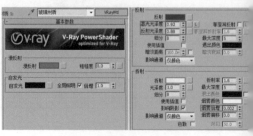

图5-25

04 单击 回到上一层级,设置【材质2】中的钢材质。设置【漫反射】颜色为黑色;设置【反射】颜色为(红:186,绿:186,蓝:186)、【高光光泽度】为0.91、【反射光泽度】为0.85,如图5-26所示。

05 在【遮罩】通道中加载一张夹丝贴图,如图5-27示,材质球效果如图5-28示。

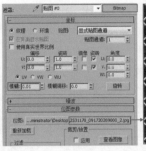

图5-26   图5-27   图5-28

06 将材质球指定给窗户模型,赋予材质后的效果如图5-29所示。

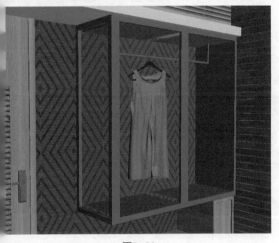

图5-29

【案例总结】

这类玻璃的制作核心就是如何在一个材质球上表现两种或两种以上的材质效果,使用【混合】材质无疑是最便捷的方法。另外,在模型条件允许的情况下,读者可以分别为各自的模型赋予指定材质,这样会更加形象立体,但就是过于繁琐。

拓展练习

场景位置	练习 > 场景文件 >CH05> 练习 42.max
实例位置	练习 > 实例文件 >CH05> 练习 42.max
视频文件	多媒体教学 >CH05> 练习 42.mp4

扫码观看视频

这是一种冰裂玻璃,其制作原理是在两块玻璃之间夹一层冰花,制作方法与夹丝玻璃类似,冰材质的参考参数如图5-30所示。

图5-30   最终效果图

案例 43
位图贴图：地板

场景位置	案例 > 场景文件 >CH05> 案例 43.max
实例位置	案例 > 实例文件 >CH05> 案例 43.max
视频文件	多媒体教学 >CH05> 案例 43.mp4
技术掌握	VRayMtl 材质、【位图】贴图、【UVW 贴图】修改器

扫码观看视频

【制作分析】

　　地板材质最主要的特点是带有木纹，本例将使用【位图】贴图来模拟木纹效果，同时使用VRayMtl材质来模拟地板的反射、高光等特性。

【重点工具】

最终效果图

　　本例介绍的是【位图】贴图。【位图】是一种最基本的贴图类型，也是最常用的贴图类型。【位图】贴图支持很多种格式，包括FLC、AVI、BMP、GIF、JPEG、PNG、PSD和TIFF等主流图像格式，如图5-31所示，图5-32~图5-34所示是一些常见的位图贴图。

图5-31　　　　　　图5-32　　　　　　图5-33　　　　　　图5-34

　　在所有的贴图通道中都可以加载位图贴图。在【漫反射】贴图通道中加载一张木质位图贴图，如图5-35所示，然后将材质指定给一个球体模型，渲染效果如图5-36所示。

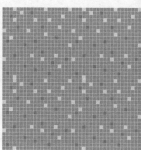

图5-35　　　　　　　　　　　图5-36

　　加载位图后，3ds Max会自动弹出位图的参数设置面板，如图5-37所示。这里的参数主要用来设置位图的【偏移】值、【瓷砖】（即位图的平铺数量）值和【角度】值，图5-38所示是【瓷砖】的V为3、U为1时的渲染效果。

图5-37　　　　　　　　　　　图5-38

勾选【镜像】选项后，贴图就会变成镜像方式，当贴图不是无缝贴图时，建议勾选【镜像】选项，图5-39所示是勾选该选项时的渲染效果。

当设置【模糊】为0.01时，可以在渲染时得到最精细的贴图效果，如图5-40所示；如果设置为1或更大的值（注意，数值低于1并不表示贴图不模糊，只是模糊效果不是很明显），则可以得到模糊的贴图效果，如图5-41所示。

在【位图参数】卷展栏下勾选【应用】选项，然后单击后面的【查看图像】按钮 查看图像 ，在弹出的对话框中可以对位图的应用区域进行调整，如图5-42所示。

图5-39

图5-40

图5-41

图5-42

【制作步骤】

01 打开光盘文件中的"场景文件>CH05>案例44.max"文件。

02 新建一个VRayMtl材质球，具体参数设置如图5-43所示，材质球效果如图5-44所示。

设置步骤

① 在【漫反射】贴图通道中加载一张文件夹中的木纹贴图，模拟木纹。

② 设置【反射】颜色为（红：81，绿：81，蓝：81），设置【高光光泽度】为0.8、【反射光泽度】为0.8，模拟木纹的反射效果。

③ 展开【贴图】卷展栏，然后将【漫反射】贴图通道中的木纹贴图文件拖曳复制到【凹凸】贴图通道中，设置【凹凸】数值为10，模拟木纹地板表面的凹凸效果。

图5-43

图5-44

03 将制作好的材质指定给地板模型，然后在修改器列表为地板模型加载一个【UVW贴图】修改器，因为地板为长方体，所以选择【长方体】，根据视图的贴图尺寸设置【长度】、【宽度】、【高度】均为60mm，如图5-45所示，设置完成后，视图效果如图5-46所示。

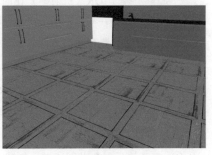
图5-45

图5-46

技巧与提示

在指定有位图的材质球的时候，通常会为模型加载一个【UVW贴图】修改器，根据模型的轮廓形状选择对应的【贴图】类型即可，并可通过设置【长度】、【宽度】、【高度】的值来控制贴图的大小。

【案例总结】

【位图】贴图是材质制作不可或缺的一部分，其重要程度与VRayMtl材质一样。本例主要使用【位图】贴图来模拟地板的木纹效果和凹凸效果。

拓展练习

场景位置	练习 > 场景文件 >CH05> 练习 43.max
实例位置	练习 > 实例文件 >CH05> 练习 43.max
视频文件	多媒体教学 >CH05> 案例 43.mp4

这是一个制作书本材质的案例，在VRayMtl材质球的【漫反射】贴图通道中通过【位图】贴图加载一张书本贴图即可完成书本材质的制作。

扫码观看视频

最终效果图

案例 44
衰减：棉布

场景位置	案例 > 场景文件 >CH05> 案例 44.max
实例位置	案例 > 实例文件 >CH05> 案例 44.max
视频文件	多媒体教学 >CH05> 案例 44.mp4
技术掌握	VRayMtl 材质、【衰减】贴图、渐变颜色

扫码观看视频

【制作分析】

棉布材质是在室内设计中比较常用的一种材质，其表面柔软，无明显高光、无反射、不透明，且在观察棉布木料的时候，会或多或少地出现颜色上的渐变。本例将使用【衰减】程序贴图来表现颜色渐变效果。

【重点工具】

【衰减】程序贴图可以用来控制材质强烈到柔和的过渡效果，使用频率比较高，其参数设置面板如图5-47所示。

重要参数介绍

衰减类型：设置衰减的方式，常用的共有以下两种。

垂直/平行：在与衰减方向相垂直的面法线和与衰减方向相平行的法线之间设置角度衰减范围。

Fresnel：基于IOR（折射率）在面向视图的曲面上产生暗淡反射，而在有角的面上产生较明亮的反射。

衰减方向：设置衰减的方向。

最终效果图

图5-47

【制作步骤】

01 打开光盘文件中的"案例>场景文件>CH05>案例44.max"文件。

02 新建一个VRayMtl材质球，具体参数设置如图5-48所示，材质球效果如图5-49所示。

设置步骤

① 在【漫反射】贴图通道中加载一张【衰减】程序贴图。

122

② 设置【前】通道的颜色为淡蓝色（红：219，绿：251，蓝：251）、【侧】通道的颜色为白色（红：255，绿：255，蓝：255），设置【衰减类型】为【垂直/平行】，用于模拟布料因为褶皱而产生的颜色渐变。

03 选择场景中的衣服模型，将棉布材质指定到衣服模型上，模型效果如图5-50所示。

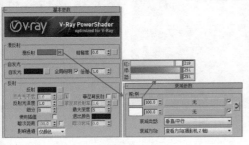
图5-48

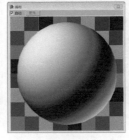
图5-49

图5-50

【案例总结】

棉布最大的特点就在于其褶皱产生的颜色渐变，所以在材质制作时要特别注意这一特点。另外，【衰减】程序贴图的功能不仅仅可以用来模拟渐变效果，还常用于模拟真实的反射效果，在后面的定案例中会详细介绍。

拓展练习	场景位置	练习 > 场景文件 >CH05> 练习 44.max
	实例位置	练习 > 场景文件 >CH05> 练习 44.max
	视频文件	多媒体教学 >CH05> 案例 44.mp4

这是一个床榻布材质的制作练习，其制作方法与棉布相同，使用【衰减】程序贴图模拟布料的颜色渐变效果即可。

扫码观看视频

最终效果图

案例 45

噪波：绒布

	场景位置	案例 > 场景文件 >CH05> 案例 45.max
	实例位置	案例 > 实例文件 >CH05> 案例 45.max
	视频文件	多媒体教学 >CH05> 案例 45.mp4
	技术掌握	VRayMtl、【位图】【衰减】【噪波】贴图

扫码观看视频

【制作分析】

绒布相对于前面的棉布来说，其颜色渐变更为明显，而且其表面的毛绒感非常强烈。所以，在制作的时候要合理地使用【凹凸】贴图，在其中加载【噪波】程序贴图来模拟毛绒感。

最终效果图

【重点工具】

使用【噪波】程序贴图可以将噪波效果添加到物体的表面，以突出材质的质感。【噪波】程序贴图通过应用分形噪波函数来扰动像素的UV贴图，从而表现出非常复杂的物体材质，其参数设置面板如图5-51所示。

重要参数介绍

噪波类型：共有3种类型，分别是【规则】、【分形】和【湍流】。

图5-51

123

规则：生成普通噪波，如图5-52所示。

分形：使用分形算法生成噪波，如图5-53所示。

湍流：生成应用绝对值函数来制作故障线条的分形噪波，如图5-54所示。

大小：以3ds Max为单位设置噪波函数的比例。

图5-52　　　　　　　　　　图5-53　　　　　　　　　　图5-54

【制作步骤】

01 打开光盘文件中的"案例>场景文件>CH05>案例45.max"文件。

02 新建一个VRayMtl材质球，在【漫反射】贴图通道中加载一张【衰减】程序贴图，分别在【前】、【侧】通道中加载一张颜色深浅不同绒布贴图，用于模拟绒布的渐变效果。设置【反射】颜色（红：25，绿：25，蓝：25），并设置【高光光泽度】为0.25，模拟绒布表面弱光效果，如图5-55所示。

03 因为绒布没有强烈反射，打开【选项】卷展栏，取消勾选【跟踪反射】选项，这样绒布就不会有反射成像的效果，如图5-56所示。

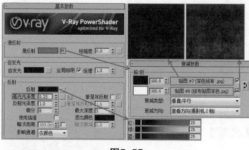 

图5-55　　　　　　　　　　　　　　　　图5-56

04 打开【贴图】卷展栏，在【凹凸】贴图通道中加载一张【噪波】程序贴图，然后设置噪波的【大小】为2，并设置【凹凸】强度为80，模拟毛茸茸的感觉，如图5-57所示，材质球效果如图5-58所示。

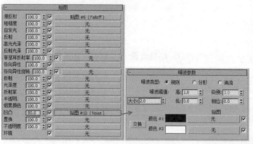 

图5-57　　　　　　　　　　　　　　　　图5-58

05 将绒布指定给沙发模型，在【修改器列表】中为沙发加载【UVW贴图】修改器，设置贴图参数，如图5-59所示，视图效果如图5-60所示。

图5-59　　　　　　　　　　　　图5-60

【案例总结】

有了制作棉布的经验，制作绒布材质就比较轻松了。绒布最重要的是有毛茸茸的感觉，这种效果是绒布特有的效果，所以在制作的时候要合理应用【噪波】参数来模拟这种效果。另外，绒布的渐变程度相对于棉布来说更加明显，通常为了真实地表现绒布效果，会对其【反射】参数进行相关处理。

拓展练习

场景位置	练习 > 场景文件 >CH05> 练习 45.max
实例位置	练习 > 实例文件 >CH05> 练习 45.max
视频文件	多媒体教学 >CH05> 案例 35.mp4

绒布的种类很多，除了前面介绍的花纹绒布，还有一种高光、纯色的绒布材质，这类绒布比较简约，也用于沙发表面，在制作的时候需要把握好纯色颜色的渐变效果和高光反射效果。

扫码观看视频

最终效果图

案例 46
多维 / 子对象材质：地砖拼花

场景位置	案例 > 场景文件 >CH05> 案例 46.max
实例位置	案例 > 实例文件 >CH05> 案例 46.max
视频文件	多媒体教学 >CH05> 案例 46.mp4
技术掌握	【多维 / 子对象】、VRayMtl、材质 ID 的分配方法

扫码观看视频

【制作分析】

地砖拼花是由不同材质的地砖拼凑而成的图案，所以对于地砖拼花，要制作3种材质，并且将3种材质指定到同一个模型上构成花纹。本例将使用【多维/子对象】材质来制作地砖拼花材质。

最终效果图

【重点工具】

本例介绍的是【多维/子对象】材质，使用【多维/子对象】材质可以采用几何体的子对象级别分配不同的材质，其参数设置面板如图5-61所示。

重要参数介绍

数量：显示包含在【多维/子对象】材质中的子材质的数量。

设置数量：单击该按钮可以打开【设置材质数量】对话框，如图5-62所示。在该对话框中可以设置材质的数量。

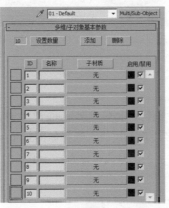

图5-61

图5-62

添加 添加：单击该按钮可以添加子材质。

删除 删除：单击该按钮可以删除子材质。

ID ID：单击该按钮将对列表进行排序，其顺序开始于最低材质ID的子材质，结束于最高材质ID。

名称 名称：单击该按钮可以用名称进行排序。

子材质 子材质：单击该按钮可以通过显示于【子材质】按钮上的子材质名称进行排序。

启用/禁用：启用或禁用子材质。

子材质列表：单击子材质后面的 无 按钮，可以创建或编辑一个子材质。

很多初学者都无法理解【多维/子对象】材质的原理及用法，下面就以图5-63中的一个多边形球体来

125

详解介绍一下该材质的原理及用法。

第1步：设置多边形的材质ID号。每个多边形都具有自己的ID号，进入【多边形】级别，然后选择两个多边形，接着在【多边形:材质ID】卷展栏下将这两个多边形的材质ID设置为1，如图5-64所示。同理，用相同的方法设置其他多边形的材质ID，如图5-65和图5-66所示。

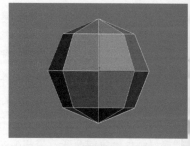

图5-63

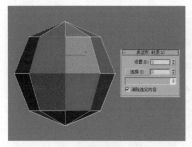

图5-64

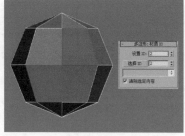

图5-65

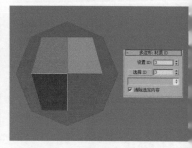

图5-66

第2步：设置【多维/子对象】材质。由于这里只有3个材质ID号。因此将【多维/子对象】材质的数量设置为3，并分别在各个子材质通道加载一个VRayMtl材质，然后分别设置VRayMtl材质的【漫反射】颜色为蓝、绿、红，如图5-67所示，接着将设置好的【多维/子对象】材质指定给多边形球体，效果如图5-68所示。

从图5-57得出的结果可以得出一个结论：【多维/子对象】材质的子材质的ID号对应模型的材质ID号。也就是说，ID 1子材质指定给了材质ID号为1的多边形，ID 2子材质指定给了材质ID号为2的多边形，ID 3子材质指定给了材质ID号为3的多边形。

图5-67

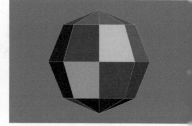

图5-68

【制作步骤】

01 打开光盘文件中的"案例>场景文件>CH05>案例46.max"文件，如图5-69所示。

02 选择拼花模型，按4键进入【多边形】层级，选择如图5-70所示面，打开【多边形:材质ID】对话框，设置【设置ID】为1，将选择的面的ID号码设置为1，如图5-71所示。

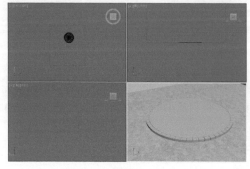

图5-69

图5-70

图5-71

03 用同样的方法选择如图5-72所示的面，设置ID号为2，如图5-73所示。

04 选择如图5-74所示的面，设置ID号为3，如图5-75所示。

126

图5-72 　　　　　　图5-73 　　　　　　图5-74 　　　　　　图5-75

05 新建一个【多维/子对象】材质球，设置材质的数量为3，分别在ID 1、ID 2和ID 3材质通道中各加载一个VRayMtl材质，如图5-76所示。

06 单击ID 1材质通道，切换到VRayMtl材质设置面板，具体参数设置如图5-77所示。

图5-76

设置步骤

① 在【漫反射】贴图通道中加载一张【贴图.jpg】贴图文件，在【坐标】卷展栏下设置【瓷砖】的U和V为3。

② 在【反射】贴图通道中加载一张【衰减】程序贴图，设置【侧】通道颜色为（红：228，绿：228，蓝：228），设置【衰减类型】为Fresnel。

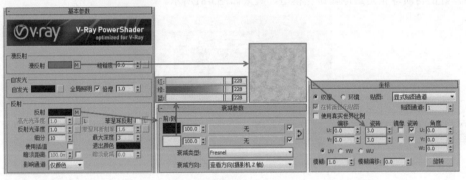

图5-77

07 单击ID 2材质通道，切换到VRayMtl材质设置面板，具体参数设置如图5-78所示。

设置步骤

① 在【漫反射】贴图通道中加载一张【黑线1.jpg】贴图文件，在【坐标】卷展栏下设置【瓷砖】的U和V为3。

② 在【反射】贴图通道中加载一张【衰减】程序贴图，设置【侧】通道颜色为（红：228，绿：228，蓝:228），设置【衰减类型】为Fresnel。

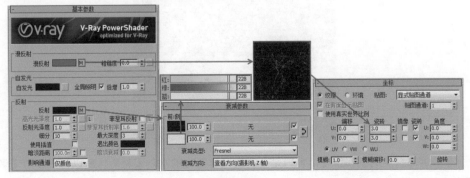

图5-78

08 单击ID 3材质通道，切换到VRayMtl材质设置面板，具体参数设置如图5-79所示，制作好的材质球效果如图5-80所示。

设置步骤

① 在【漫反射】贴图通道中加载一张【啡网纹02.jpg】贴图文件，然后在【坐标】卷展栏下设置【瓷砖】的U和V为4。

② 在【反射】贴图通道中加载一张【衰减】程序贴图，设置【侧】通道颜色为（红：228，绿：228，蓝：228），设置【衰减类型】为Fresnel。

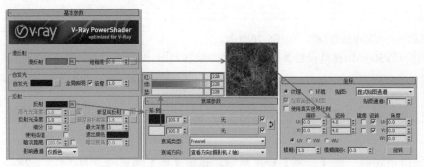

图5-79

图5-80

09 将制作好的材质球指定给地砖拼花模型，效果如图5-81所示。

图5-81

【案例总结】

【多维子/对象】材质并不难，相对于其他材质来说，使用【多维/子对象】材质的前提是必须对模型进行ID编号。

拓展练习

场景位置	练习 > 场景文件 >CH05> 练习 46.max
实例位置	练习 > 场景文件 >CH05> 练习 46.max
视频文件	多媒体教学 >CH05> 练习 46.mp4

扫码观看视频

这是一个装饰品材质的制作练习，容器是金材质，容器内的水是银材质，所以可以使用【多维/子对象】材质来进行制作。

中文版 3ds Max/VRay 效果图制作案例教程（微课版）

第 06 章

效果图中的常见材质

通过上一章的学习，我们学习了 3ds Max 和 VRay 的材质系统，并通过常用的材质和贴图工具制作了简单的常见材质。在效果图制作中，需要制作的材质很多，本章将介绍一些效果图中常见材质的制作方法，包括磨砂玻璃、玻璃砖、水晶、不锈钢、漆和皮革等材质。现实生活中的材质千万之多，在学习材质制作时，千万不能死记硬背参数，应该对材质进行归类，掌握每一类材质的制作原理，例如，本章中的【镜面不锈钢】和【拉丝不锈钢】材质，它们都属于不锈钢，在制作原理上是相同的。另外，由于篇幅问题，还有大多数材质的制作方法未在本章介绍，但是在后面的效果图表现案例中会以综合实训的方式进行介绍。

知识技法掌握

掌握 VRayMtl 材质的制作方法

掌握【衰减】贴图对反射效果的影响

了解【渐变坡度】等贴图的使用方法

掌握玻璃类材质的制作方法

掌握布料材质的制作方法

掌握金属材质的制作方法

掌握皮革、油漆类材质的制作方法

案例 *47* 磨砂玻璃

场景位置	案例 > 场景文件 >CH06> 案例 47.max
实例位置	案例 > 实例文件 >CH06> 案例 47.max
视频文件	多媒体教学 >CH06> 案例 47.mp4
技术掌握	VRayMtl 材质、制作玻璃、【折射】、【反射】参数

扫码观看视频

【材质属性】

磨砂玻璃，又叫毛玻璃、暗玻璃，是用普通平板玻璃经机械喷砂、手工研磨或氢氟酸溶蚀等方法将表面处理成均匀表面制成。由于表面粗糙，使光线产生漫反射，透光而不透视，它可以使室内光线柔和而不刺眼。这类玻璃在室内设计中常用于制作家居推拉门、办公桌隔板、门窗等。生活中的磨砂玻璃如图6-1所示。

图6-1

最终效果图

【制作分析】

磨砂玻璃的视觉效果是不透明或者不完全透明，而且凭观察就能分辨出其表面不光滑，所以根据这两个特性就能设置其材质参数。

【制作步骤】

新建一个VRayMtl材质球，具体参数设置如图6-2所示，材质球效果如图6-3所示。

设置步骤

① 设置【漫反射】颜色为（红：132，绿：149，蓝：157），以模拟磨砂玻璃的灰蓝色。

② 因为磨砂玻璃的反射并不是很明显，设置【反射】颜色为（红：20，绿：20，蓝：20），再设置【高光光泽度】为0.85、【反射光泽度】为0.9、【细分】值为8。

③ 因为磨砂玻璃的表面呈现颗粒感，所以在【凹凸】贴图通道中加载一张【噪波】程序贴图，并设置噪波的【大小】为4，接着设置【凹凸】的强度为60，控制颗粒感的强度。

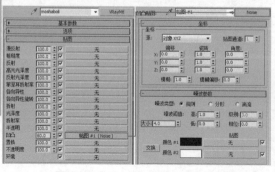

图6-2

图6-3

技巧与提示

因为篇幅问题，本章主要介绍材质的具体制作方法和材质的使用范围。

【案例总结】

在制作磨砂玻璃的时候，不要拘束于玻璃的透明属性，磨砂玻璃最明显的特征是其表面的颗粒感，即不光滑特性，所以在设置参数的时候，其重点在于噪波，可以通过添加【噪波】贴图或通过添加凹凸贴图来达到效果。

拓展练习

场景位置	练习 > 场景文件 >CH06> 练习 47.max
实例位置	练习 > 实例文件 >CH06> 练习 47.max
视频文件	多媒体教学 >CH06> 练习 47.mp4

前面介绍的磨砂玻璃是推拉门上的不透明磨砂玻璃。在日常生活中，也可以找到半透明的磨砂玻璃，其运用领域和磨砂玻璃类似，在制作的时候只需要对【折射】颜色进行控制就能做出半透明效果。

扫码观看视频

案例 48
玻璃砖

场景位置	案例 > 场景文件 >CH06> 案例 48.max
实例位置	案例 > 实例文件 >CH06> 案例 48.max
视频文件	多媒体教学 >CH06> 案例 48.mp4
技术掌握	VRayMtl、【折射】、【反射】参数、【位图】程序贴图

扫码观看视频

【材质属性】

玻璃砖是用透明或颜色玻璃料压制成形的块状或空心盒状，且体形较大的玻璃制品。其品种主要有玻璃空心砖、玻璃实心砖，马赛克不包括在内。多数情况下，玻璃砖并不作为饰面材料使用，而是作为结构材料，作为墙体、屏风、隔断等类似功能使用。现实中的玻璃砖如图6-4所示。

图6-4　　　　　　　　　　　　　　　　　　　　　　　　　　　最终效果图

【制作分析】

在室内装饰中，常用的玻璃砖都是带有花纹的，所以通常会使用贴图来模拟，对于其透明度是根据设计需求来设置的，在通常情况下，玻璃砖的透明度都不如常规玻璃。

【制作步骤】

新建一个VRayMtl材质球，具体参数设置如图6-5所示，材质球效果如图6-6所示。

设置步骤

① 在【漫反射】贴图通道中加载一张玻璃砖贴图。

② 设置【反射】颜色为（红:255，绿:255，蓝:255），然后设置【高光光泽度】为1。

③ 因为玻璃砖透明度不强，所以设置【折射】颜色为（红：133，绿：133，蓝：133），然后勾选【影响阴影】选项，接着设置【折射率】为1.5，模拟玻璃砖的折射效果。

中文版 3ds Max/VRay 效果图制作案例教程（微课版）

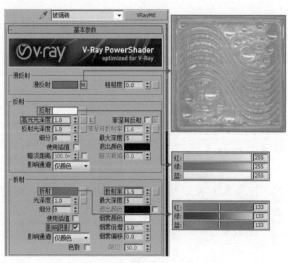

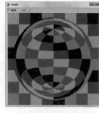

图6-5　　　　　　　　　　　图6-6

拓展练习

场景位置	练习 > 场景文件 >CH06> 练习 48.max
实例位置	练习 > 实例文件 >CH06> 练习 48.max
视频文件	多媒体教学 >CH06> 练习 48.mp4

扫码观看视频

　　前面介绍了玻璃砖材质的相关属性和制作方法，其透光不透视的属性使其多用于室内环境的屏风、隔层。还有一种玻璃灯罩材质，与玻璃砖类似，也拥有透光不透视的属性，其多用于灯光天花吊灯、台灯等灯具的外包装。

案例 49
水晶

场景位置	案例 > 场景文件 >CH06> 案例 49.max
实例位置	案例 > 实例文件 >CH06> 案例 49.max
视频文件	多媒体教学 >CH06> 案例 49.mp4
技术掌握	VRayMtl 材质、制作水晶、【折射】、【反射】参数

扫码观看视频

【材质属性】

　　水晶是宝石的一种，属于石英结晶体，通常有纯洁的透明水晶，也有含有微量元素的色心水晶。水晶与玻璃类似，具有表面光滑、硬度大、强高光、有一定透明度等特征，多用于制作装饰物、首饰等工艺品，现在比较流行的有水晶灯。常见的水晶如图6-7所示。

图6-7

最终效果图

【制作分析】

水晶在外观上与玻璃比较接近，一般的透明水晶具有无色、表面光滑、高光强等特点，水晶的折射率与玻璃不同，这点极其重要，在参数设置时也是必须注意的。

【制作步骤】

新建一个VRayMtl材质，具体参数设置如图6-8所示，材质球效果如图6-9所示。

设置步骤

① 新建一个VRayMtl材质球，然后设置【漫反射】的颜色为（红：255，绿：255，蓝：255）。

② 设置【反射】颜色为（红：74，绿：74，蓝：74），然后设置【高光光泽度】为0.85。

③ 设置【折射】颜色为（红：255，绿：255，蓝:255），然后设置【折射率】为2，并勾选【影响阴影】选项。

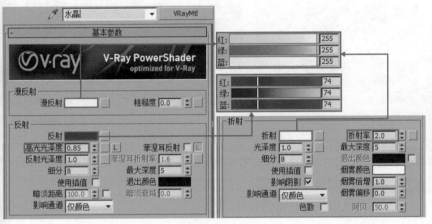
图6-8

图6-9

【案例总结】

虽然在现实生活中水晶和玻璃有本质上的区别，但是在材质设置中，这两种材质是比较类似的，在设置水晶材质的时候，通常会使用较大的折射率，这样可以使折射效果更加丰富。

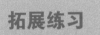
拓展练习

场景位置	练习 > 场景文件 >CH06> 练习 49.max
实例位置	练习 > 实例文件 >CH06> 练习 49.max
视频文件	多媒体教学 >CH06> 练习 49.mp4

扫码观看视频

水晶在生活中的用处很多，但大部分都是用于装饰、首饰等，如手链、吊坠等。另外，水晶并不是只有无色一种，有颜色的水晶有很多种，不同成色的水晶价格也不同，上图是一种比较普通的紫水晶材料的项链。这类水晶主要在于表现其颜色，可以通过设置【烟雾颜色】和【烟雾倍增】来完成。

案例 50
丝绸

场景位置	案例 > 场景文件 > CH06 > 案例 50.max
实例位置	案例 > 实例文件 > CH06 > 案例 50.max
视频文件	多媒体教学 > CH06 > 案例 50.mp4
技术掌握	VRayMtl 材质、【反射】参数、【VRay 合成纹理】贴图

【材质属性】

丝绸是用蚕丝或人造丝纯织或交织而成的织品的总称。丝绸也特指桑蚕丝所织造的纺织品，它轻薄、合身、柔软、滑爽、透气、色彩绚丽、富有光泽、高贵典雅，且穿着舒适。现实中的丝绸如图6-10所示。

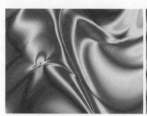 

图6-10

最终效果图

【制作分析】

丝绸最明显的物理特性就是高光和反射，以及其特别明显的颜色渐变，其本身有丝绸纹路，却没有明显的凹凸感，根据这些特性，就能对丝绸材质进行制作。

【制作步骤】

新建一个VRayMtl材质球，具体参数设置如图6-11和图6-12所示，材质球效果如图6-13所示。

① 为了合理地模拟出丝绸特有的线纹，在【漫反射】贴图通道中加载一张【VR合成纹理】程序贴图，然后在【源A】贴图通道中加载一张线纹贴图，接着在【源B】贴图通道中加载一张【VR颜色】程序贴图，并设置【红】为0.53、【绿】为0.14、【蓝】为0.9。

② 在【反射】贴图通道加载一张【衰减】程序贴图，然后设置【侧】通道颜色为（红：206，绿：141，蓝：244），再设置【高光光泽度】为0.45、【反射光泽度】为0.65。

③ 打开【双向反射分布函数】卷展栏，然后设置【各向异性】为0.55，接着打开【贴图】卷展栏，然后在【凹凸】贴图通道中加载一张模拟丝绸线纹的贴图，因为这里仅仅是为了模拟丝绸的纹路，不需要明显的凹凸效果，所以设置【凹凸】强度为10。

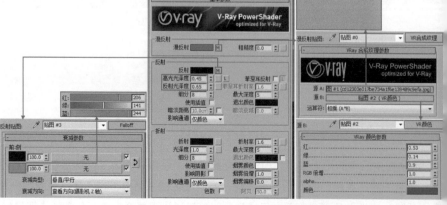

图6-11

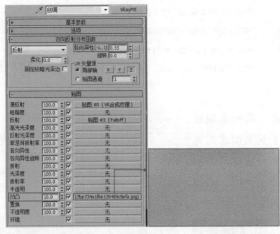

图6-12

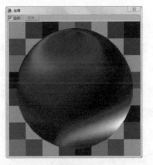

图6-13

技巧与提示

这里用到了【VRay合成文理】和【VRay颜色】贴图。可以简单地将【VRay合成文理】理解为混合工具,将【源A】和【源B】进行混合,【运算符】通常使用【相乘(A*B)】模式。【VRay颜色】就是添加的一个颜色贴图。

【案例总结】

在制作丝绸的时候,有几个需要特别注意的地方。首先,必须合理地设置丝绸本身的强渐变,然后在处理丝绸的反射和高光的时候要合理,通常情况下,【高光光泽度】参数一般设置在0.5左右,【反射光泽度】通常为0.65左右,最后更重要的是【双向反射分布函数】的设置。有时,设计师为了得到高精度的丝绸材质,会通过【VR合成纹理】程序贴图来设置【漫反射】通道,模拟高精度的丝绸颜色和纹路。

拓展练习

场景位置	练习 > 场景文件 >CH06> 练习 50.max
实例位置	练习 > 实例文件 >CH06> 练习 50.max
视频文件	多媒体教学 >CH06> 练习 50.mp4

扫码观看视频

在现实生活中,我们见到的丝绸面料当然不都是前面介绍的纯色,而是带有印花的,印花丝绸和纯色丝绸在物理属性上是很相似的,唯一区别在于印花丝绸带有印花图案,为了让丝绸有丝绸纹路和印花两种属性,且要同时拥有颜色渐变,需要在【源B】贴图通道中加载【衰减】程序贴图,在衰减通道中加载贴图实现印花效果即可。

案例 51
镜面不锈钢

场景位置	案例 > 场景文件 >CH06> 案例 51.max
实例位置	案例 > 实例文件 >CH06> 案例 51.max
视频文件	多媒体教学 >CH06> 案例 51.mp4
技术掌握	VRayMtl 材质、制作金属、【反射光泽度】参数

扫码观看视频

【材质属性】

镜面不锈钢指的是不锈钢的表面状态，其基本属性还是属于不锈钢，这类不锈钢的特点在于其表面非常光滑，仿佛可以当作镜子来使用，以此得名。这类不锈钢的应用领域比较广泛，若设计者的设计理念不同，其用法也不同。常见的镜面不锈钢如图6-14所示。

图6-14

最终效果图

【制作分析】

镜面不锈钢不仅拥有金属的表面光滑、强高光、强反射、有延展性等特性，其最为突出的是其镜面成像效果，根据这些特性，下面制作一个镜面不锈钢材料的垃圾桶，通过效果图可以观察到，不锈钢垃圾桶的桶身清楚地反射了周围的背景。

【制作步骤】

新建一个VRayMtl材质球，然后设置其【反射】颜色为（红：161，绿：161，蓝：161），模拟其反射强度，这里默认【反射光泽度】为1，这样可以更加明显地表现其反射效果，参数如图6-15所示，材质球效果如图6-16所示。

图6-15

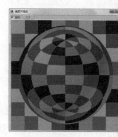

图6-16

【案例总结】

不锈钢的参数其实非常简单，其设置【反射光泽度】为1，已经算是设置得比较高了，这样是为了更加明显地表现其镜面效果。另外，在制作不锈钢的时候，不能忘记设置【反射】颜色来控制其反射强度。

拓展练习

场景位置	练习 > 场景文件 >CH06> 练习 51.max
实例位置	练习 > 实例文件 >CH06> 练习 51.max
视频文件	多媒体教学 >CH06> 练习 51.mp4

扫码观看视频

相对于镜面不锈钢，还有一种没有镜面效果，但是表面也没有明显纹理的不锈钢，即哑光不锈钢，这类不锈钢相对于镜面不锈钢最大的区别就在于其表面有反射效果，但是反射效果是模糊的，不能清楚成像，这类不锈钢的制作方法与镜面不锈钢类似，只是需要通过设置【反射光泽度】控制其反射清晰效果。

图6-17

案例 52
拉丝不锈钢

场景位置	案例 > 场景文件 >CH06> 案例 52.max
实例位置	案例 > 实例文件 >CH06> 案例 52.max
视频文件	多媒体教学 >CH06> 案例 52.mp4
技术掌握	VRayMtl 材质、制作拉丝不锈钢的方法

扫码观看视频

【材质属性】

拉丝不锈钢是不锈钢的加工产品,市面上常见的是直纹拉丝不锈钢,其外观形象是由上到下的直线纹路,左右间距是不等的,这类不锈钢通常不会存在镜面反射效果,应用比较广泛,现实中的拉丝不锈钢如图6-18所示。

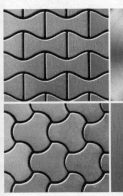

图6-18

最终效果图

【制作分析】

拉丝不锈钢的特点是其拉丝效果,其他属性与普通不锈钢完全一样。不锈钢的拉丝不同于其他凹凸效果,其拉丝也具有不锈钢的基本属性,所以不能简单地理解为通过设置材质凹凸就能完成,另外为了更好地反映金属的各向异性,可以设置其【双向反射分布函数】参数。

【制作步骤】

新建一个VRayMtl材质球,具体参数设置如图6-19和图6-20所示,材质球效果如图6-21所示。

设置步骤

① 新建一个VRayMtl材质球,设置其【漫反射】颜色为(红:58,绿:58,蓝:58),模拟不锈钢的本身亮度。

② 设置【反射】颜色为(红:152,绿:152,蓝:152),接着设置【高光光泽度】和【反射光泽度】均为0.9,再分别在【反射】和【高光光泽度】的贴图通道中加载一张拉丝贴图,最后设置【细分】为32,以此模拟不锈钢的反射效果。

③ 打开【贴图】卷展栏,然后在【凹凸】贴图中加载一张【拉丝】贴图,因为这里只需要模拟出拉丝效果,其凹凸感并不强,所以设置【凹凸】为2.6。

④ 打开【双向反射分布函数】卷展栏,设置类型为【沃德】,模拟不锈钢的各向异性。

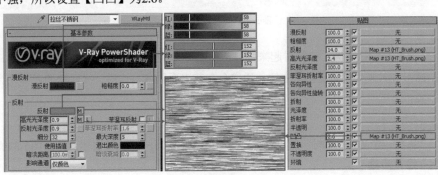

图6-19

137

图6-20

图6-21

【案例总结】

在制做拉丝不锈钢的时候，其部分参数设置与哑光不锈钢的原理相同，不同之处在于其是通过贴图来控制反射光泽和高光光泽的，通过设置【双向反射分布函数】来模拟其各向异性，以及在【凹凸】贴图通道中加载拉丝纹理来模拟拉丝效果。

拓展练习

场景位置	练习 > 场景文件 >CH06> 练习 52.max
实例位置	练习 > 实例文件 >CH06> 练习 52.max
视频文件	多媒体教学 >CH06> 练习 52.mp4

扫码观看视频

前面介绍了拉丝不锈钢的制作方法，不锈钢作为生活中常用的合成金属，其样式也各有不同，生活中还有一种比较常见的不锈钢，其物体在形式多以圆形存在，不锈钢面上有明显的圆心和扇形轮廓，在杯子底部、盆底部、平底锅等餐具和厨具中比较常见。这类不锈钢的制作方法与拉丝不锈钢类似，区别在于拉丝不锈钢是通过加载拉丝贴图来模拟拉丝效果的，而扇形不锈钢是通过在【各向异性旋转】贴图通道中加载【渐变坡度】程序贴图，并设置其类型为【螺旋】来制作的。

案例 53
生铁

场景位置	案例 > 场景文件 >CH06> 案例 53.max
实例位置	案例 > 实例文件 >CH06> 案例 53.max
视频文件	多媒体教学 >CH06> 案例 53.mp4
技术掌握	VRayMtl 材质、制作生铁的方法、【凹凸】贴图

扫码观看视频

【材质属性】

在我们的生活里，铁可以算得上是最有用、最价廉、最丰富、最重要的金属了。装备制造、铁路车辆、道路、桥梁、轮船、码头、房屋、土建均离不开钢铁构件，总体来说，铁与生活息息相关，在室内设计中离不开铁的使用。现实中的铁如图6-22所示。

图6-22

最终效果图

【制作分析】

生铁和钢铁不同，生铁看起来很脆，而且颜色偏暗，拥有不明显的金属光泽，表面通常有明显的凹凸感，有时候为了避免生铁生锈，通常会在其表面刷漆，这样一来，铁的光泽度会有所提高，但是其凹凸感也会更明显。

【制作步骤】

新建一个VRayMtl材质球，具体参数设置如图6-23所示，材质球效果如图6-24所示。

设置步骤

① 新建一个VRayMtl材质球，然后设置【漫反射】颜色为（红：23，绿：23，蓝：23），模拟生铁的颜色。

② 设置【反射】颜色为（红：55，绿：55，蓝：55），然后设置【高光光泽度】为0.6、【反射光泽度】为0.7，以此模拟生铁的反射效果。

③ 打开【贴图】卷展栏，在【凹凸】贴图通道中加载一张划痕贴图，模拟铁表面的凹凸感。

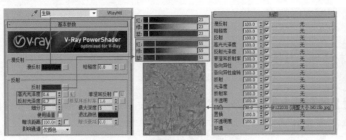
图6-23

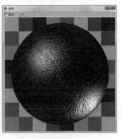
图6-24

【案例总结】

因为科技的不断发展，现在大部分铁质品都被钢代替了，生铁通常只用于外部门栏、围栏。在制作生铁材质的时候，要注意控制其颜色亮度，以及生铁表面的凹凸感，对于有油漆的生铁，要特别注意其反射参数的设置。

拓展练习	场景位置	练习 > 场景文件 >CH06> 练习 53.max
	实例位置	练习 > 实例文件 >CH06> 练习 53.max
	视频文件	多媒体教学 >CH06> 练习 53.mp4

扫码观看视频

前面提到现在通常用钢代替生铁，其原因是为了避免生锈，铁锈是铁和氧气以及水发生化学反应生成的偏红褐的物质，这类物质通常会影响铁制品的质量。通常，为了使设计场景显得古老，或者对老旧空间进行纪实表现，我们会制作铁锈材质来生动地表现场景的古老、久远。制作铁锈材质的方法很简单，与铁材质类似，不同的是其高光强度会降低，对于铁锈的模拟，同样是通过贴图来完成的。

案例 54
陶瓷

场景位置	案例 > 场景文件 >CH06> 案例 54.max
实例位置	案例 > 实例文件 >CH06> 案例 54.max
视频文件	多媒体教学 >CH06> 案例 54.mp4
技术掌握	VRayMtl 材质、制作瓷器的方法、【反射】参数

扫码观看视频

【材质属性】

陶瓷是陶器和瓷器的总称，常见的陶瓷材料有粘土、氧化铝、高岭土等。陶瓷材料一般硬度较高，但可塑性较差。在生活中，陶瓷器的用处非常广泛，居家环境中随处可见陶瓷的身影。在效果图制作中，陶瓷常用于厨浴环境，如浴缸、坐便器、洗漱池以及餐具等。现实生活中的陶瓷如图6-25所示。

图6-25

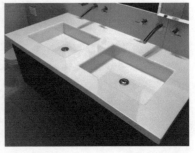
最终效果图

【制作分析】

虽然在现实中，陶器和瓷器有明显的界定，但是在材质制作时，它们的制作方法基本相同，都是模拟其高光、表面光滑、硬度大等特点。

【制作步骤】

新建一个VRayMtl材质球，具体参数设置如图6-26所示，材质球效果如图6-27所示。

设置步骤

① 设置【漫反射】的颜色为（红：252，绿：252，蓝：252），模拟陶瓷的乳白色。

② 在【反射】贴图通道中加载一张【衰减】程序贴图，设置【衰减类型】为Fresnel，设置【高光光泽度】为0.85、【反射光泽度】为0.95，模拟陶瓷的反射效果。

图6-26

图6-27

【案例总结】

陶瓷材质的制作方法很简单，主要在于表现陶瓷的颜色和反射效果。需要注意的是，陶瓷的反射能力并不强，所以这里只加载了一个【衰减】贴图，并未设置任何颜色参数。

拓展练习

场景位置	练习 > 场景文件 >CH06> 练习 54.max
实例位置	练习 > 实例文件 >CH06> 练习 54.max
视频文件	多媒体教学 >CH06> 练习 54.mp4

这同样是一个制作陶瓷材质的练习，其制作方法与案例中类似。不同的是，本练习相对于案例中的陶瓷，反射强度要明显大一些，所以在制作材质时，应注意对【反射】颜色的设置。

扫码观看视频

案例 55

白漆

场景位置	案例 > 场景文件 >CH06> 案例 55.max
实例位置	案例 > 实例文件 >CH06> 案例 55.max
视频文件	多媒体教学 >CH06> 案例 55.mp4
技术掌握	VRayMtl 材质、【反射】参数、【噪波】程序贴图

扫码观看视频

【材质属性】

油漆是一种液体混合物，但是在生活中通常以固体的形式出现在人们的视野中，如涂漆、乳胶漆、烤漆等，在效果图制作中，油漆通常用于刷墙或者涂在家具上，如乳胶漆和白漆。现实中的油漆如图6-28所示。

图6-28

最终效果图

【制作分析】

白漆材质与陶瓷材质的制作比较类似，在制作白漆材质的时候，通常为了逼真地表现白漆效果，会将其反射关闭，另外还会使用【噪波】贴图来模拟白漆表面的刷痕。

【制作步骤】

新建一个VRayMtl材质球，具体参数设置如图6-29所示，材质球效果如图6-30所示。

设置步骤

① 由于白漆材质是一个比较白的材质（但绝对不是纯白），所以设置【漫反射】的颜色为（红：250，绿：250，蓝：250）。

② 因为白漆材质的衰减强度比较弱，所以这里就不采用菲涅耳衰减而设置【反射】颜色为（红：15，绿：15，蓝：15）；由于高光比较小，所以设置【高光光泽度】为0.88；由于表面很光滑，所以【反射光泽度】设置为0.98。

③ 取消勾选【选项】卷展栏中的【跟踪反射】选项，打开【凹凸】卷展栏，在【凹凸】通道中添加一个【噪波】命令，设置其【模糊】值为0.1、【噪波类型】为【规则】，再设置【大小】为1，最后设置【凹凸】的强度为1。

 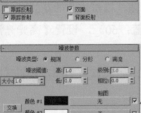  

图6-29　　　　　　　　　　　　　　　　　　　　　　　　　　　图6-30

【案例总结】

白漆在外观上与陶瓷的区别并不大，在制作这种材质时，为了区分二者，通常会取消白漆的反射效果，即在【选项】卷展栏中取消勾选【跟踪反射】选项，这一点必须要谨记。

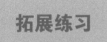

场景位置	练习 > 场景文件 >CH06> 练习 55.max
实例位置	练习 > 实例文件 >CH06> 练习 55.max
视频文件	多媒体教学 >CH06> 练习 55.mp4

这是一个制作墙面漆材质的练习，其制作方法与白漆材质类似，相比白漆材质，墙面漆的反射更低，几乎无光泽度。

扫码观看视频

案例 56
皮革

场景位置	案例 > 场景文件 >CH06> 案例 56.max
实例位置	案例 > 实例文件 >CH06> 案例 56.max
视频文件	多媒体教学 >CH06> 案例 56.mp4
技术掌握	VRayMtl 材质、【反射】参数、【凹凸】贴图

扫码观看视频

【材质属性】

皮革是生活中比较常见的一种对象。皮革是经脱毛和鞣制等物理、化学加工所得到的已经变性、不易腐烂的动物皮，其表面有一种特殊的粒面层，具有自然的粒纹和光泽，手感舒适。在居家环境中，皮革常用于沙发、坐垫之类的家具，如图6-31所示。

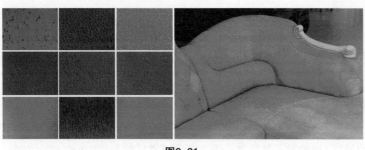

图6-31

最终效果图

【制作分析】

在生产中，皮革要经过很多加工工序，但是在材质制作中，皮革的制作却是非常简单的，只需要模拟其高光、光滑、反射等特点即可，对于皮革的花纹和凹横，通过贴图来模拟即可。

【制作步骤】

新建一个VRayMtl材质球，具体参数设置如图6-32所示，材质球效果如图6-33所示。

设置步骤

① 在【漫反射】贴图通道中加载一张沙发的贴图，模拟皮革的花纹。

② 设置【反射】颜色为（红：60，绿：60，蓝：60），设置【高光光泽度】为0.75、【反射光泽度】为0.75、【细分】为20，模拟皮革的反射效果。

③ 打开【贴图】卷展栏，在【凹凸】贴图中加载一张沙发贴图，设置【凹凸】的强度为30，模拟皮革的凹凸感。

中文版 3ds Max/VRay 效果图制作案例教程（微课版）

图6-32

图6-33

【案例总结】

皮革材质是效果图中比较常用的一种材质，对于沙发材质的制作，通常是皮革和布料两种。本例介绍的皮材质是沙发中比较常用的一种，在制作时，通过在【漫反射】中加载皮革贴图来模拟其花纹，在【凹凸】中加载皮革贴图来模拟其凹槽，然后根据设计要求设置其反射效果即可。

拓展练习

场景位置	练习 > 场景文件 >CH06> 练习 56.max
实例位置	练习 > 实例文件 >CH06> 练习 56.max
视频文件	多媒体教学 >CH06> 练习 56.mp4

这是一个制作黑色皮材质的制作方法，该皮材质没有花纹，只有凹痕，所以在制作的时候，只需要通过贴图来模拟凹痕即可。

扫码观看视频

第 07 章

摄影机技术

本章将介绍摄影机技术。在制作效果图中，摄影机虽然比较简单，但摄影机的作用是必不可少的。摄影机不仅可以确定渲染视角、出图范围，同时还可以调节图像的亮度，或添加一些诸如景深、运动模糊等特效。摄影机的创建直接关系到效果图的构图内容和展示视角，对效果图的展示效果有最直接的影响。本章介绍的是常用的【目标摄影机】和【VRay 物理摄影机】，这两种摄影机在构图作用上的一样的，但相对于【目标摄影机】，【VRay 物理摄影机】的原理与真实摄影机一样，所以在操作上，它更加方便。

知识技法掌握

掌握摄影机的创建方法
掌握安全框的使用方法
掌握构图纵横比的设置方法
掌握【目标摄影机】的使用方法
掌握【VRay 物理摄影机】的使用方法
掌握景深效果的制作组方法

案例 57
摄影机基础: 室内摄影机

场景位置	案例 > 场景文件 >CH07> 案例 57.max
实例位置	案例 > 实例文件 >CH07> 案例 57.max
视频文件	多媒体教学 >CH07> 案例 57.mp4
技术掌握	【安全框】工具、设置【纵横比】

【制作分析】

本例将介绍摄影机的基础知识，通过为室内环境创建摄影机，了解摄影机的创建方法、创建技巧以及如何通过安全框来设置视图的纵横比。

【重点工具】

在3ds Max中创建摄影机的方法有3种，具体如下。

第1种：执行【创建】>【摄影机】菜单命令选取其中的摄影机，然后在视图通过拖曳鼠标进行创建，如图7-1所示。

最终效果图

第2种：在【创建面板】中单击相应的工具按钮，然后在视图中拖曳。如图7-2所示。

第3种：在透视图（一定是透视图）中进行视角调整，当调整到一个合适的位置时，按快捷键Ctrl+C创建摄影机，创建后的视图左上方会出现摄影机的名称，表示现在已经是摄影机视图了，如图7-3所示。

图7-1　　　　　　　图7-2　　　　　　　图7-3

安全框是视图中的安全线，在安全框内的内容在渲染时不会被剪掉。通过对比可发现，图7-4所示的视图内容与图7-5所示的渲染内容不完全相同，视图中的上下部分都被裁减掉了。

图7-4　　　　　　　　　　　　　　图7-5

通常，摄影机视图有预览构图的功能，但是上述问题却让这个功能几乎无效，此时就可以使用安全框来解决，如图7-6所示，视图中出现了3个框，场景被完全框在了最外面的黄色框内，这3个框就是安全框，通过对比，可发现安全框内的内容与渲染效果图中的内容完全一样。

在视图中单击左上角第2个菜单，在弹出的列表中选择【显示安全框】即可激活该视图中的安全框了，快捷键为Shift+F，如图7-7所示，安全框效果如图7-8所示。

图7-6

图7-7

图7-8

技巧与提示

关于图像纵横比，是在【渲染设置】对话框中进行设置，按F10键打开【渲染设置】对话框，在【公用】选项卡中进行设置，如图7-9所示，在设置好纵横比后，就会将其锁定。

图7-9

【制作步骤】

01 打开光盘文件中的"案例>场景文件>CH07>案例57.max"文件，场景中已经设置好了材质、灯光以及渲染参数，如图7-10所示。

技巧与提示

这里为了方便操作，在文件中是隐藏了灯光的，若要显示灯光可以按快捷键Shift+L。同理，隐藏摄影机按快捷键Shift+C即可。

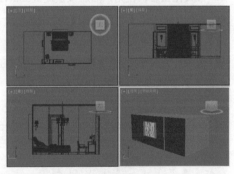
图7-10

02 最大化顶视图，这里设定拍摄角度为从床的侧面进行拍摄，在【创建】面板中选择【目标】摄影机，在顶视图中按住鼠标左键，同时从右往左拖曳光标，使摄影机从侧面拍摄床，如图7-11所示。

03 按快捷键Alt+W，选中透视图，按C键切换至摄影机视图，如图7-12所示，此时可以从摄影机视图中看到拍摄效果，摄影机的位置偏低。

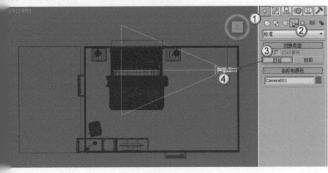

图7-11

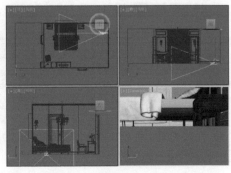
图7-12

技巧与提示

在选择摄影机的时候，由于视图中对象重合，不便于选择，可以使用主工具栏的 全部 ▼（过滤）来选择，在下拉列表中选择某一类对象，在选择操作中就只能选择这一类对象。例如，这里选择的是【C-摄影机】，那么在操作中就只能选择摄影机，其他对象是无法选择的。

04 选中前视图，然后将摄影机和目标点同时选中，根据摄影机视图的效果将其向上移动到合适位置，如图7-13所示。

05 这里需要设定一个俯视的效果，所以选中摄影机（不选择目标点），将其向上平移一段距离，如图7-14所示。

06 选中顶视图，然后选择摄影机（不选择目标点），将其向下方平移一段距离，如图7-15所示，观察此时的摄影机视图，可发现摄影机视角已经设置好了。

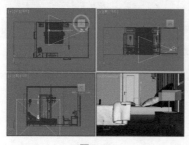
图7-13

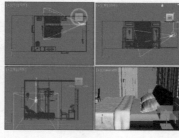
图7-14

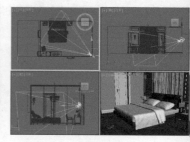
图7-15

07 最大化摄影机视角，然后按快捷键Shift+F，如图7-16所示，安全框内的范围就是渲染出图的范围。

08 按F10键打开【渲染设置】对话框，接下来对渲染纵横比进行设置，在【公用】选项卡下设置【纵横比】为1.333，如图7-17所示。

09 因为视图中的门出现倾斜状态，所以在视图中单击鼠标右键，在弹出的菜单中选择【应用摄影机校正修改器】选项，如图7-18所示。

图7-16

图7-17

图7-18

技巧与提示

【摄影机校正修改器】是一个很特殊的修改器，它只能用于摄影机，不能用于其他对象。使用该修改器可以通过设置【数量】参数来校正两点透视的视角强度，如图7-19所示。

图7-19

10 加载【摄影机校正修改器】后，如图7-20所示，此时摄影机视图中的对象就正常了，室内环境的摄影机也创建完成了。

图7-20

【案例总结】

　　创建摄影机的目的是固定一个拍摄视角，通过【安全框】来确定效果图的渲染范围和纵横比。本例主要介绍了室内摄影机的创建方法，以及如何使用【摄影机矫正】来矫正摄影机的透视效果。

拓展练习	场景位置	练习 > 场景文件 >CH07> 练习 57.max
	实例位置	练习 > 实例文件 >CH07> 练习 57.max
	视频文件	多媒体教学 >CH07> 练习 57.mp4

扫码观看视频

　　这是一个为客厅空间创建摄影机的练习，客厅空间的摄影机在比较正中的位置，整个场景看起来也比较平，所以摄影机通常是摆正的，摄影机的参考位置如图7-21所示。

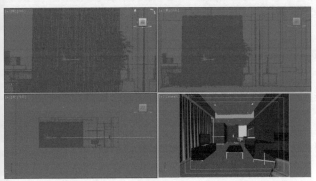

图7-21

最终效果图

案例 58
目标摄影机：景深效果

场景位置	案例 > 场景文件 >CH07> 案例 58.max
实例位置	案例 > 实例文件 >CH07> 案例 58.max
视频文件	多媒体教学 >CH07> 案例 58.mp4
技术掌握	【目标】摄影机工具、景深的制作方法

扫码观看视频

【制作分析】

　　【景深】就是指拍摄主题前后所能在一张照片上成像的空间层次的深度。简单地说，景深就是聚焦清晰的焦点前后【可接受的清晰区域】，有突显清晰区域的效果。本例将使用【目标】摄影机来制作景深效果。

【重点工具】

　　本例介绍的重点工具【目标】摄影机，【目标】摄影机可以查看目标周围的区域，它比【自由】摄影机更容易定向。使用【目标】摄影机工具 在场景中拖曳光标可以创建一台目标摄影机，可以观察到，目标

最终效果图

摄影机包含目标点和摄影机两个部件，如图7-22所示，参数面板如图7-23所示。

① 【参数】卷展栏

展开【参数】卷展栏，如图7-24所示。

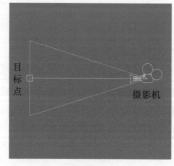

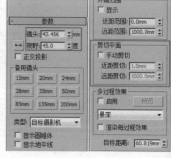

图7-22　　　　　　　图7-23　　　　　　　图7-24

重要参数介绍

镜头：以mm为单位来设置摄影机的焦距。

视野：设置摄影机查看区域的宽度视野，有水平↔、垂直↕和对角线↗3种方式。

剪切平面：主要用于设置摄影机的可视区域。

手动剪切：启用该选项可定义剪切的平面。

近距/远距剪切：设置近距和远距平面。对于摄影机，比【近距剪切】平面近或比【远距剪切】平面远的对象是不可见的。

目标距离：当使用【目标摄影机】时，该选项用来设置摄影机与其目标之间的距离。

② 【景深】参数卷展栏

当设置【多过程效果】为【景深】时，系统会自动显示出【景深参数】卷展栏，如图7-25所示。

常用参数介绍

使用目标距离：启用该选项后，系统会将摄影机的目标距离用作每个过程偏移摄影机的点。

焦点深度：当关闭【使用目标距离】选项时，【焦点深度】选项可以用来设置摄影机的偏移深度，其取值范围为0~100。

显示过程：启用该选项后，【渲染帧窗口】对话框中将显示多个渲染通道。

使用初始位置：启用该选项后，第1个渲染过程将位于摄影机的初始位置。

过程总数：设置生成景深效果的过程数。增大该值可以提高效果的真实度，但是会增加渲染时间。

采样半径：设置场景生成的模糊半径。数值越大，模糊效果越明显。

采样偏移：设置模糊靠近或远离【采样半径】的权重。增加该值将增加景深模糊的数量级，从而得到更均匀的景深效果。

技巧与提示

景深可以很好地突出主题，不同的景深参数下的效果也不相同，例如，图7-26突出的是蜘蛛的头部，而图7-27突出的是蜘蛛和被捕食的螳螂。

图7-26　　　　　　　图7-27

中文版 3ds Max/VRay 效果图制作案例教程（微课版）

【制作步骤】

01 打开光盘文件中的"案例>场景文件>CH07>案例58.max"文件，如图7-28所示。

02 使用 [目标] （目标摄影机）工具在视图中创建一个摄影机，调整摄影机的位置，并按快捷键Shift+F激活【安全框】，效果如图7-29所示。

03 选择创建的摄影机，在视图中单击鼠标右键，选择【应用摄影机校正修改器】，为摄影机加载一个【摄影机校正】修改器，并根据摄影机视图效果调整参数，如图7-30所示。

图7-28

图7-29

图7-30

> **技巧与提示**
>
> 这里的参数设置是根据创建摄影机的位置和视角来调整的，所以读者在练习的时候，不一定要和书中参数一致。

04 在选择目标摄影机，打开【参数】卷展栏，设置调整【镜头】和【视野】参数，选择【景深】选项，设置【目标距离】为625mm，如图7-31所示。

图7-31

> **技巧与提示**
>
> 在制作的过程中，本步骤设置的参数要根据实际情况而定。

05 按F9键渲染摄影机视图，如图7-32所示，此时效果是清晰的，未出现景深效果。

图7-32

> **技巧与提示**
>
> 关于渲染的知识，在第9章会进行详细介绍。

06 按F10键打开【渲染设置】对话框，切换到【VRay】选项卡，打开【摄影机】卷展栏，勾选【景深】选项，设置【光圈】为15、【焦距】为620，勾选【从摄影机获取】选项，如图7-33所示。

07 按F9键渲染摄影机视图，此时出现了景深效果。

图7-33

> **技巧与提示**
>
> 这里的渲染效果较粗糙，是渲染参数比较低的原因，通过学习本例主要掌握的是景深的制作方法，关于渲染参数的设置，在第9章会详细介绍。

【案例总结】

本例介绍了景深效果的制作方法，在效果图制作中景深并不是很常用，但是对于产品表现，景深是一种能突出对象的表现方法。景深的制作重点在于设置【渲染设置】中的【摄影机】参数，通过调整【光圈】和【焦距】参数来控制景深的大小和位置。另外，有时为了得到比较细腻的景深效果，还会对【景深参数】卷展栏进行设置。

拓展练习

场景位置	练习 > 场景文件 >CH07> 练习 58.max
实例位置	练习 > 实例文件 >CH07> 练习 58.max
视频文件	多媒体教学 >CH07> 练习 58.mp4

扫码观看视频

这是一个制作景深效果的练习，突出对象是钢笔，制作方法与本案例相同，通过控制【渲染设置】的【光圈】和【焦距】的参数来设置景深范围和位置，摄影机参考位置如图7-34所示。

图7-34

最终效果图

案例 59
VRay 物理摄影机：景深效果

场景位置	案例 > 场景文件 >CH07> 案例 59.max
实例位置	案例 > 实例文件 >CH07> 案例 59.max
视频文件	多媒体教学 >CH07> 案例 59.mp4
技术掌握	【VRay 物理摄影机】工具、制作景深

扫码观看视频

【制作分析】

【VRay物理摄影机】同样可以制作景深效果，与【目标】摄影机相比，【VRay物理摄影机】在制作上更加简单。

最终效果图

【重点工具】

【VRay物理摄影机】是VRay渲染器中的摄影机，如图7-35所示。【VRay物理摄影机】相当于一台真实的摄影机，有光圈、快门、曝光、ISO等调节功能，【VRay物理摄影机】的参数包含5个卷展栏，如图7-36所示。

① 【基本参数】卷展栏

展开【基本参数】卷展栏，如图7-37所示。

重要参数介绍

胶片规格（mm）：控制摄影机所看到的景色范围。值越大，看到的景象就越多。

图7-35

图7-36

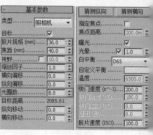
图7-37

焦距（mm）：设置摄影机的焦长，同时也会影响到画面的感光强度。较大的数值产生的效果类似于长焦效果，且感光材料（胶片）会变暗，特别是在胶片的边缘区域；较小数值产生的效果类似于广角效果，其透视感比较强，当然胶片也会变亮。

缩放因子：控制摄影机视图的缩放。值越大，摄影机视图拉得越近。

光圈数：设置摄影机的光圈大小，主要用来控制渲染图像的最终亮度。值越小，图像越亮；值越大，图像越暗，效果如图7-38和图7-39所示。注意，光圈和景深也有关系，大光圈的景深小，小光圈的景深大。

图7-38 　　　　　　　　　　　图7-39

猜测纵向 猜测纵向 /猜测横向 猜测横向 ：用于校正垂直/水平方向上的透视关系。

自定义平衡：用于手动设置白平衡的颜色，从而控制图像的色偏。如图像偏蓝，就应该将白平衡颜色设置为蓝色。

快门速度（s^-1）：控制光的进光时间，值越小，进光时间越长，图像就越亮；值越大，进光时间就越短，图像就越暗，效果如图7-40和图7-41所示。

图7-40 　　　　　　　　　　　图7-41

胶片速度（ISO）：控制图像的亮暗，值越大，表示ISO的感光系数越强，图像也越亮。一般白天效果比较适合用较小的ISO，而晚上效果比较适合用较大的ISO，效果如图7-42和图7-43所示。

图7-42 　　　　　　　　　　　图7-43

② 【散景特效】卷展栏

【散景特效】卷展栏下的参数主要用于控制散景效果，如图7-44所示。当渲染景深的时候，或多或少都会产生一些散景效果，这主要和散景到摄影机的距离有关，图7-45所示是使用真实摄影机拍摄的散景效果。

重要参数介绍

叶片数：控制散景产生的小圆圈的边，默认值为5，表示散景的小圆圈为正五边形。如果关闭该选项，那么散景就是个圆形。

图7-44 　　　　　　　　　图7-45

旋转（度）：散景小圆圈的旋转角度。

中心偏移：散景偏移源物体的距离。

各向异性：控制散景的各向异性，值越大，散景的小圆圈拉得越长，即变成椭圆。

③【采样】卷展栏

展开【采样】卷展栏，如图7-46所示。

重要参数介绍

景深：控制是否开启景深效果。当某一物体聚焦清晰时，从该物体前面的某一段距离到其后面的某一段距离内的所有景物都是相当清晰的。

细分：设置【景深】或【运动模糊】的【细分】采样。数值越高，效果越好，但是会增长渲染时间。

图7-46

【制作步骤】

01 打开光盘文件中的"案例>场景文件>CH07>案例59.max"文件，如图7-47所示。

02 使用 VR物理摄影机 工具在视图中创建一个【VRay物理摄影机】，调整摄影机的位置，在透视图按C键切换到摄影机视图，按快捷键Shift+F打开【安全框】，如图7-48所示。

03 选择创建的【VRay物理摄影机】，设置【光圈数】为8、【白平衡】为【自定义】、【快门速度】为60、【胶片速度】为100，打开【采样】卷展栏，勾选【景深】选项，设置【细分】为16，如图7-49所示。

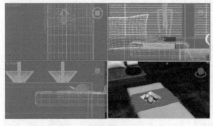
图7-47

图7-48

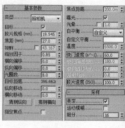
图7-49

技巧与提示

本步骤标注的是重要参数的设置，在练习过程中，可能其他参数与图中不同，请以实际操作参数为准。

04 按F9键渲染摄影机视图，效果如图7-50所示，图中有景深效果。

图7-50

【案例总结】

通过对【目标摄影机】和【VRay物理摄影机】景深效果的对比，可以发现【VRay物理摄影机】在制作景深时，要简单许多，而且在效果上比【目标摄影机】更好控制。另外，【VRay物理摄影机】的设置原理与真实摄影机几乎一样，所以在操作上也更加方便。

拓展练习

场景位置	练习 > 场景文件 >CH07> 练习 59.max
实例位置	练习 > 实例文件 >CH07> 练习 59.max
视频文件	多媒体教学 >CH07> 练习 59.mp4

扫码观看视频

这是一个制作景深的练习，读者在练习的时候可以用【目标摄影机】和【VRay摄影机】分别制作，对比两者之间的效果和制作速度。摄影机参考位置如图7-51所示。

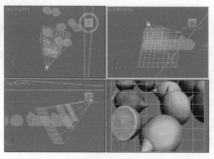
图7-51

最终效果图

案例60
测试 VRay 物理摄影机

场景位置	案例 > 场景文件 >CH07> 案例 60.max
实例位置	案例 > 实例文件 >CH07> 案例 60.max
视频文件	多媒体教学 >CH07> 案例 60.mp4
技术掌握	【VRay 物理摄影机】工具

最终效果图

【制作分析】

本例主要是对【VRay物理摄影机】的参数进行测试，通过测试渲染不同参数下的效果，掌握重要参数的对效果的影响。

【重点工具】

本例使用的是【VRay物理摄影机】，关于其参数，在前面已经介绍过，这里就不做叙述。

【制作步骤】

01 打开光盘文件中的"场景文件>CH07>案例60.max"文件，如图7-52所示。

02 设置摄影机类型为VRay，在顶视图中创建一台VRay物理摄影机，调整好其位置，如图7-53所示。

03 选择VRay物理摄影机，在【基本参数】卷展栏下设置【缩放因子】为0.8、【光圈数】为2.8、【快门速度（s^-1）】为40，接着勾选【光晕】选项，如图7-54所示。

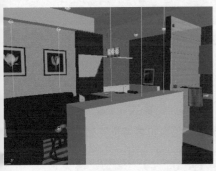

图7-52

图7-53

图7-54

04 在透视图中按C键切换到摄影机视图，然后按快捷键Shift+F打开安全框，如图7-55所示，接着按F9键测试渲染当前场景，效果如图7-56所示。

图7-55

图7-56

05 在【基本参数】卷展栏下将【缩放因子】修改为1，其他参数保持不变，如图7-57所示，按F9键测试渲染当前场景，效果如图7-58所示。

06 在【基本参数】卷展栏下将【缩放因子】修改为1.8，其他参数保持不变，如图7-59所示，按F9键测试渲染当前场景，效果如图7-60所示。

图7-57　　　　　　　　图7-58　　　　　　　　图7-59　　　　　　　　图7-60

【案例总结】

在上述操作中，对【缩放因子】进行了测试，它可以在不影响摄影机角度的情况下，改变摄影机视图的远近范围，从而改变物体的远近关系。

拓展练习

场景位置	无
实例位置	练习 > 实例文件 >CH02> 练习 60.max
视频文件	多媒体教学 >CH02> 练习 60.mp4

扫码观看视频

这是一个测试【光圈数】的练习，操作方法与案例中的方法类似，摄影机参考位置如图7-61所示。

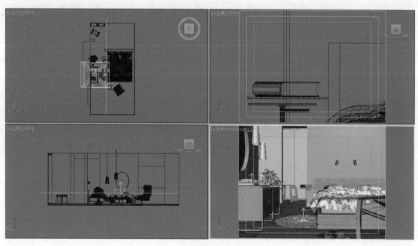

图7-61

第 08 章

灯光技术

没有灯光的世界是一片漆黑的，三维场景中也是一样，即便模型多么精美、材质多么真实、摄影机视角多么好，如果没有光照，一切都是空谈。3ds Max 的灯光系统可以用于模拟现实生活中不同类型的光源。从居家办公用的普通灯具到舞台、电影布景中用的照明设备，甚至于太阳光都可以被模拟。在效果图制作中，使用 3ds Max 和 VRay 的灯光系统，可以模拟出生活中各类环境的灯光效果。本章将重点介绍【目标灯光】、【VRay 灯光】和【VRay 太阳】的使用方法，以及如何搭配这些灯光来制作不同空间的灯光效果。

知识技法掌握

掌握灯光的创建方法

掌握【目标灯光】、【VRay 灯光】、【VRay 太阳】的使用方法

掌握筒灯照明的制作方法

掌握台灯、灯带照明的制作方法

掌握太阳光的制作方法

掌握半封闭空间灯光的制作方法

掌握封闭空间灯光的制作方法

掌握夜晚灯光的制作方法

中文版 3ds Max/VRay 效果图制作案例教程（微课版）

案例 61
目标灯光：筒灯

场景位置	案例 > 场景文件 >CH08> 案例 61.max
实例位置	案例 > 实例文件 >CH08> 案例 61.max
视频文件	多媒体教学 >CH08> 案例 61.mp4
技术掌握	灯光的创建、【目标灯光】工具、加载外部灯光文件

扫码观看视频

【制作分析】

筒灯是室内环境中比较常见的一种装饰灯，在3ds Max中，有专门用于模拟筒灯的灯光，即【目标灯光】，本例将使用【目标灯光】来完成筒灯的制作。

【重点工具】

在【创建面板】中单击【灯光】按钮，在其下拉列表中可以选择灯光的类型。3ds Max 2014包含3种灯光类型，分别是【光度学】灯光、【标准】灯光和VRay，如图8-1所示。

最终效果图

下面以【目标灯光】为例，在创建面板中选择灯光，然后按住鼠标左键，接着在场景中拖曳光标，最后松开鼠标左键即可创建出灯光，如图8-2所示。

图8-1

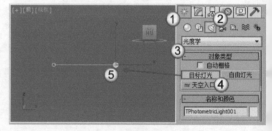

图8-2

技巧与提示

灯光的创建方式与摄影机类似，位置调整也与摄影机类似。

目标灯光带有一个目标点，用于指向被照明物体，如图8-3所示，目标灯光主要用来模拟现实中的筒灯、射灯和壁灯等，其默认参数包含10个卷展栏，如图8-4所示。

①【常规参数】卷展栏

展开【常规参数】卷展栏，如图8-5所示。

重要参数介绍

启用：控制是否开启灯光的阴影效果。

阴影类型列表：设置渲染器渲染场景时使用的阴影类型，包括7种类型，如图8-6所示，常用的是【VRay阴影】。

灯光分布类：设置灯光的分布类型，包含4种类型，如图8-7所示，常用的是【光度学Web】选项。

图8-3

图8-4

图8-5

图8-6

图8-7

②【分布（光度学Web）】卷展栏

设置灯光分布类型为【光度学Web】后，会自动激活该卷展栏，如图8-8所示，可以通过单击 <选择光度学文件> 按钮加载文件夹中的光度学文件来模拟筒灯。

③【强度/颜色/衰减】卷展栏

展开【强度/颜色/衰减】卷展栏，如图8-9所示。

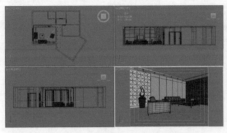

图8-8　　　　　　　　图8-9

重要参数介绍

过滤颜色：使用颜色过滤器来模拟置于灯光上的过滤色效果。

强度：用于设置灯光强度，包含以下3个单位，常用的是cd。

lm（流明）：测量整个灯光（光通量）的输出功率。100W的通用灯泡约有1 750 lm的光通量。

cd（坎德拉）：用于测量灯光的最大发光强度，通常沿着瞄准发射。100W通用灯泡的发光强度约为139 cd。

lx（lux）：测量由灯光引起的照度，该灯光以一定距离照射在曲面上，并面向灯光的方向。

【制作步骤】

01 打开光盘文件中的"案例>场景文件>CH08>案例61.max"文件，如图8-10所示，按F9键渲染摄影机视图，效果如图8-11所示，渲染效果一片漆黑，表示环境中没有灯光照射。

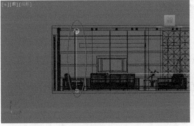

图8-10　　　　　　　　图8-11

02 切换到前视图，使用 目标灯光 在视图中的筒灯处从上到下拖曳绘制出一盏灯光，如图8-12所示，

03 切换到顶视图，框选整个【目标灯光】，将其位置移动到筒灯处，如图8-13所示。

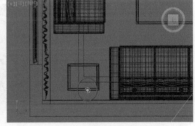

图8-12　　　　　　　　图8-13

技巧与提示

这里一定要框选选择，通过点选只能选择灯光或者目标点中的其中一个。

04 框选创建的【目标灯光】，按住Shift键移动位置，将它以【实例】的形式复制到每一个筒灯处，一共要复制20个，如图8-14所示。

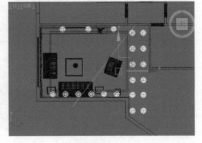

技巧与提示

因为每一盏灯都是相同的，所以以【实例】的形式进行复制，在设置参数的时候只需要设置其中一盏就可以了。

图8-14

05 点选其中一盏灯光，具体参数设置如图8-15所示。

设置步骤

① 打开【常规参数】卷展栏，勾选【阴影】选项，选择【VRay阴影】，设置【灯光分布（类型）】为【光度学Web】，模拟灯光阴影效果。

② 打开【分布（光度学Web）】卷展栏，为其加载一个案例文件夹中的【00.ies】灯光文件，模拟筒灯样式。

③ 打开【强度/颜色/衰减】卷展栏，设置过滤颜色为蓝色（红：191，绿：201，蓝：254），模拟筒灯颜色，设置【强度】为50000，模拟灯光亮度。

06 切换到摄影机视图，按F9键渲染摄影机视图，渲染效果如图8-16所示，这就是筒灯照明效果。

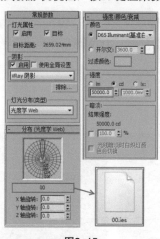

图8-15

图8-16

技巧与提示

在加载了灯光文件后，视图中的灯光形状会发生变化。另外，在布置灯光时，灯光的强度不可能一次就设置到位，在工作中，都是通过不断测试来确定最终参数的。

【案例总结】

本例通过制作筒灯照明介绍了【目标灯光】的使用方法，当然对于这种效果的完成，和渲染参数也有很大的关系，本例只需要掌握灯光制作部分的内容。在效果图制作中，【目标灯光】的作用通常就是用于制作类似于筒灯的灯光。

拓展练习

场景位置	练习 > 场景文件 >CH08> 练习 61.max
实例位置	练习 > 实例文件 >CH08> 练习 61.max
视频文件	多媒体教学 >CH08> 练习 61.mp4

扫码观看视频

这是一个制作客厅筒灯的练习，其制作方法与案例中的方法相同。对于场景文件中自带的灯光，把它当作环境光即可，本练习只需要通过【目标灯光】来模拟筒灯照明即可，灯光位置参考如图8-17所示。

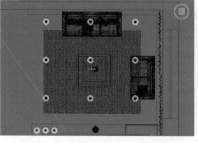

图8-17　　　　　最终效果图

中文版 3ds Max/VRay 效果图制作案例教程（微课版）

案例 62
VRay 灯光: 台灯

场景位置	案例 > 场景文件 >CH08> 案例 62.max
实例位置	案例 > 实例文件 >CH08> 案例 62.max
视频文件	多媒体教学 >CH08> 案例 62.mp4
技术掌握	【VRay 灯光】工具、模拟台灯的方法

扫码观看视频

【制作分析】

台灯的发光原理类似于球体光源，向四周发散发光，所以本例可以使用【VRay灯光】的【球体】灯光来模拟台灯照明。

最终效果图

【重点工具】

VRay灯光可以用来模拟室内灯光，是效果图制作中使用频率最高的一种灯光，参数设置面板如图8-18所示。

重要参数介绍

类型：设置VRay灯光的类型，共有【平面】、【穹顶】、【球体】和【网格】4种类型，如图8-19所示。

平面：将VRay灯光设置成平面形状，该光源以一个平面区域的方式显示，以该区域来照亮场景，由于该光源能够均匀柔和地照亮场景，因此常用于模拟自然光源或大面积的反光。

图8-18

图8-19

穹顶：将VRay灯光设置成穹顶状，光线来自于位于灯光z轴的半球体状圆顶。该光源能够均匀照射整个场景，光源位置和尺寸对照射效果几乎没有影响，常用于设置空间较为宽广的室内场景或在室外场景中模拟环境光。

球体：以光源为中心向四周发射光线，该光源常被用于模拟人照灯光，如室内设计中的壁灯、台灯和吊灯光源。

技巧与提示

【平面】、【穹顶】、【球体】和【网格】灯光的形状各不相同，因此它们可以运用在不同的场景中，如图8-20所示，网格不常用，故不做介绍。

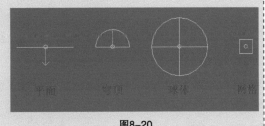

平面　　　　穹顶　　　　球体　　　网格

图8-20

倍增：设置VRay灯光的强度。

颜色：指定灯光的颜色。

1/2长：设置灯光的长度。

1/2宽：设置灯光的宽度。

双面：用来控制是否让灯光的双面都产生照明效果（当灯光类型设置为【平面】时有效，其他灯光类型无效），图8-21和图8-22所示的分别是开启与关闭该选项时的灯光效果。

图8-21	图8-22

不可见：这个选项用来控制最终渲染时是否显示VRay灯光的形状，图8-23和图8-24所示的分别是关闭与开启该选项时的灯光效果。

图8-23	图8-24

忽略灯光法线：这个选项控制灯光的发射是否按照灯光的法线进行发射，图8-25和图8-26所示的分别是关闭与开启该选项时的灯光效果。

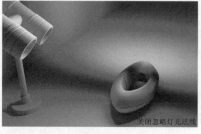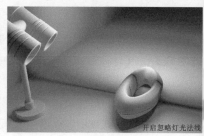

图8-25	图8-26

影响高光反射：该选项决定灯光是否影响物体材质属性的高光。

影响反射：勾选该选项时，灯光将对物体的反射区进行光照，物体可以将灯光进行反射。

细分：这个参数控制VRay灯光的采样细分。当设置比较低的值时，会增加阴影区域的杂点，但是渲染速度比较快；当设置比较高的值时，会减少阴影区域的杂点，但是会减慢渲染速度，如图8-27和图8-28所示。

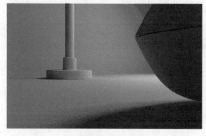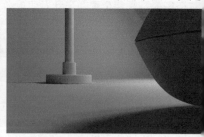

图8-27	图8-28

【制作步骤】

01 打开光盘文件中的"案例>场景文件>CH08>案例62.max"文件，如图8-29所示，按F9键渲染摄影机视图，渲染效果如图8-30所示，此时台灯没有照明效果。

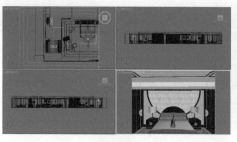

图8-29	图8-30

160

02 使用 [VR灯光] 在台灯灯罩中创建一盏【VRay灯光】，并以实例的形式复制一盏到另一盏台灯灯罩中，灯光位置如图8-31所示，具体参数设置如图8-32所示。

设置步骤

① 设置【类型】为【球体】，设置【倍增器】为25，模拟灯光的形态和强度。

② 设置【颜色】为黄色（红：255，绿：172，蓝：83），设置【半径】为115mm，模拟灯光的颜色和大小。

③ 勾选【不可见】选项，使光源不可见。

03 按F9键渲染摄影机视图，渲染效果如图8-33所示，此时两盏台灯均产生照明效果。

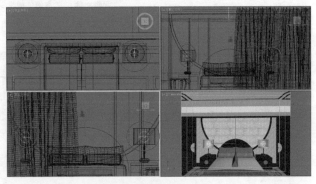

图8-31

图8-32

图8-33

【案例总结】

本例使用【VRay灯光】的【球体】灯制作了台灯，【球体】灯通常都用于制作这类灯光，而【平面】光通常用于制作面片光，如吊顶灯、带之类的光源。另外，【VRay灯光】在效果图中的使用频率特别高，其用处也不仅仅是本例提到的模拟光源，在后面的案例中，将介绍【VRay灯光】作为补光的用法。

拓展练习	场景位置	练习 > 场景文件 >CH08> 练习 62.max
	实例位置	练习 > 实例文件 >CH08> 练习 62.max
	视频文件	多媒体教学 >CH08> 练习 62.mp4

扫码观看视频

这是一个使用【VRay灯光】的【平面光】制作灯带的练习，其制作方法与台灯类似，仅需要将【球体】改为【平面】，再根据灯带大小设置【平面】光的大小即可。灯光参考位置如图8-34所示。

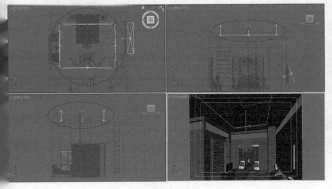

图8-34

最终效果图

案例 63
VRay 太阳: 太阳光

场景位置	案例 > 场景文件 >CH08> 案例 63.max
实例位置	案例 > 实例文件 >CH08> 案例 63.max
视频文件	多媒体教学 >CH08> 案例 63.mp4
技术掌握	【VRay 太阳】工具、关联【VRay 天空】的方法

【制作分析】

在本例中，需要模拟太阳光来照亮阳台场景。在效果图制作中，通常使用【VRay太阳】工具来模拟阳光照射，【VRay天空】来模拟天空效果。

【重点工具】

【VRay太阳】主要用来模拟真实的室外太阳光。VRay太阳的参数比较简单，只包含一个【VRay太阳参数】卷展栏，如图8-35所示。

重要参数介绍

最终效果图

浊度：这个参数控制空气的混浊度，它影响VRay太阳和VRay天空的颜色。比较小的值表示晴朗干净的空气，此时VRay太阳和VRay天空的颜色比较蓝，图8-36和8-37所示的分别是【浊度】值为2和10时的阳光效果。

中文版 3ds Max/VRay 效果图制作案例教程（微课版）

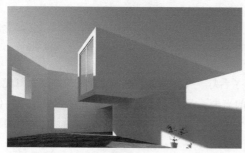

图8-35　　　　　　　　　图8-36　　　　　　　　　　　　　　图8-37

臭氧：这个参数是指空气中臭氧的含量，较小的值的阳光比较黄，较大的值的阳光比较蓝，图8-38和图8-39分别是【臭氧】值为0和1时的阳光效果。

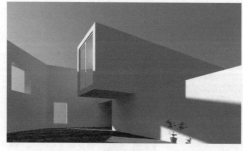

图8-38　　　　　　　　　　　　　　图8-39

强度倍增：这个参数是指阳光的亮度，默认值为1。

大小倍增：这个参数是指太阳的大小，它的作用主要表现在阴影的模糊程度上，较大的值可以使阳光阴影比较模糊。

过滤颜色：用于自定义太阳光的颜色。

阴影细分：这个参数是指阴影的细分，较大的值可以使模糊区域的阴影产生比较光滑的效果，并且没有杂点。

【制作步骤】

01 打开光盘文件中的"案例>常见文件>CH08>案例63.max"文件，如图8-40所示，这是一个阳台场景，按F9键渲染摄影机视图，效果如图8-41所示。

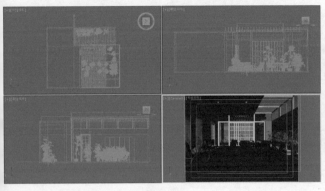

图8-40   图8-41

技巧与提示

在渲染效果中，有亮点，这不是灯光效果，原因是筒灯的材质由【VRay灯光】材质制作。

02 使用 ▢VR太阳 在视图中创建一盏太阳光，在创建时会弹出【VRay太阳】对话框，询问是否添加一张【VRay天空】贴图，单击 ▢是(Y) 按钮，如图8-42所示。

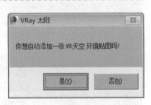

图8-42

技巧与提示

通过此操作自动为场景添加一张【VRay】天空环境贴图。

03 调整【VRay太阳】的位置，如图8-43所示，设置【浊度】为20、【强度倍增】为0.1、【大小倍增】为3、【阴影细分】为8，如图8-44所示。

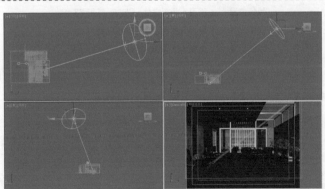

图8-43   图8-44

04 按8键打开【环境与效果】对话框，勾选【使用贴图】选项，按M键打开【材质编辑器】，将【环境贴图】通道中的【VRay天空】拖曳到一个空白材质上，如图8-45所示，此时会弹出【实例（副本）贴图】对话框，选择【实例】，如图8-46所示。

技巧与提示

本步骤是将【VRay天空】贴图以实例的形式转移到材质球上，通过调整材质球参数来控制【VRay天空】的效果。

05 选择上一步产生的材质球，单击【太阳光】后面的按钮并选择视图中的【VRay太阳】，拾取太阳光，设置【太阳强度倍增】为0.09，控制天光的强度，如图8-47所示。

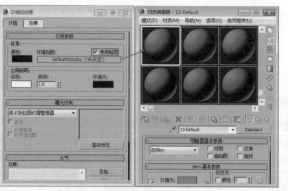

图8-45

图8-46

图8-47

技巧与提示

当拾取视图中的太阳光后，调整太阳光的位置，可以发现【材质编辑器】中的材质球效果会发生变化，通过这种方法可以控制天空的天光效果，从而模拟不同时间段的太阳照射效果。

06 按F9键渲染摄影机视图，图8-48所示的便是太阳光的照射效果。

图8-48

【案例总结】

本例通过制作阳台照明效果介绍了【VRay太阳】的使用方法，【VRay太阳】的创建和参数设置都很简单，重点在于如何关联【VRay天空】来模拟天空效果。另外，通过观察渲染效果，可以看出效果并不是很逼真，整体光照有欠缺感，在后面案例中，会介绍如何使用【VRay灯光】来弥补这些瑕疵的方法。

拓展练习

场景位置	练习 > 场景文件 >CH08> 练习 63.max
实例位置	练习 > 实例文件 >CH08> 练习 63.max
视频文件	多媒体教学 >CH08> 练习 63.mp4

扫码观看视频

这是一个室外太阳光照的场景，相对于案例，要简单许多，在参数设置上只需要通过【强度倍增】来控制光照的强弱，【VRay太阳】的参考位置如图8-49所示。

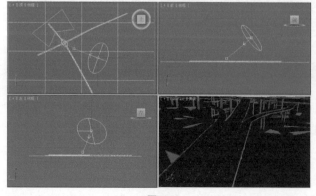

图8-49

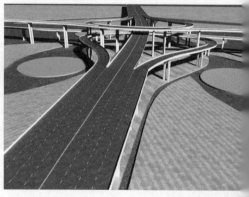

最终效果图

案例 64
半封闭空间的灯光

场景位置	案例 > 场景文件 >CH08> 案例 64.max
实例位置	案例 > 实例文件 >CH08> 案例 64.max
视频文件	多媒体教学 >CH08> 案例 64.mp4
技术掌握	【VRay 太阳】、【VRay 灯光】、设置补光

【制作分析】

在效果图制作中，半封闭空间的主体照明光是太阳光或者环境光（天光），室内只会出现装饰灯光。本例使用【VRay太阳】来作为主光源，使用【VRay灯光】制作辅助光。

【制作步骤】

01 打开光盘文件中的【案例>常见文件>CH08>案例 64.max】文件，如图8-50所示。

02 使用 <kbd>VR太阳</kbd> 在视图中创建一盏【VRay太阳】灯光，灯光位置如图8-51所示，设置【强度倍增】为0.1、【过滤颜色】为蓝色（红：181，绿：215，蓝：135），如图8-52所示。

最终效果图

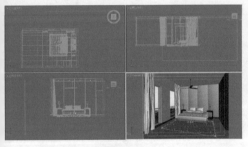 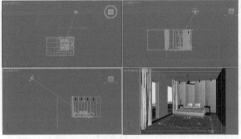 

图8-50   图8-51   图8-52

技巧与提示

在这里就不需要创建【VRay天空】了，因为在场景中，有作为外景的对象。

03 按F9键渲染摄影机视图，渲染效果如图8-53所示，此时太阳光照亮了整个场景，但室内整体偏暗。

技巧与提示

在实际工作中，每创建一盏或一组灯光，都会进行测试，待达到设计要求后，才会开始下一盏灯光的创建。

图8-53

04 使用【VRay灯光】在场景中创建一盏【平面】光作为室内的补光，灯光位置如图8-54所示，具体参数设置如图8-55所示。

165

设置步骤

① 设置【类型】为【平面】，设置【倍增器】为6。

② 设置【颜色】为蓝色（红：105，绿：158，蓝：255），调整【1/2长】为2 085、【1/2宽】为1 500。

③ 勾选【不可见】选项，因为这里只是制作太阳的补光，所以取消勾选【影响高光反射】和【影响反射】选项。

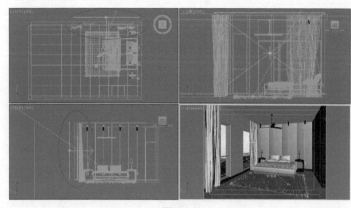

图8-54

图8-55

05 按F9键渲染摄影机视图，渲染效果如图8-56所示，室内效果明亮了很多，半封闭空间的灯光就制作完成了。有兴趣的读者可以在筒灯处使用【目标灯光】工具制作筒灯，丰富室内灯光效果。

【案例总结】

本例是一个非常典型的半封闭空间，用的也是最基础的布光方法。在布置灯光之前，要明确场景中的主光源，首先创建主光源，再根据渲染效果和设计效果添加辅助补光和室内灯光。另外，在布置灯光的过程中，要有足够的耐心去对每一盏灯光进行测试。

图8-56

拓展练习

场景位置	练习 > 场景文件 >CH08> 练习 64.max
实例位置	练习 > 实例文件 >CH08> 练习 64.max
视频文件	多媒体教学 >CH08> 练习 64.mp4

扫码观看视频

这是一个制作半封闭卧室灯光的练习，参考案例中的布光方法便可以制作出本该场景中的灯光，灯光分布情况如图8-57所示。

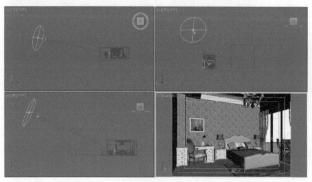

图8-57

最终效果图

案例 65
全封闭空间的灯光

场景位置	案例 > 场景文件 >CH08> 案例 65.max
实例位置	案例 > 实例文件 >CH08> 案例 65.max
视频文件	多媒体教学 >CH08> 案例 65.mp4
技术掌握	【VRay 灯光】工具、封闭空间的布光方法

【制作分析】

这是一个过道的场景，场景的照明光源是天花灯和壁灯，是不存在太阳光和环境光的。在布置灯光时，使用【VRay灯光】的球体灯光模拟天花灯和壁灯，然后添加补光补充亮度即可。

最终效果图

【制作步骤】

01 打开光盘文件中的"案例>场景文件>CH08>案例65.max"光盘文件，如图8-58所示。

02 使用【VRay灯光】在天花灯中创建一盏【球体】光，灯光位置如图8-59所示，具体参数设置如图8-60所示。

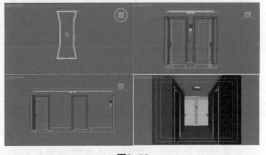

图8-58

设置步骤

① 设置【类型】为【球体】、【倍增器】为100。

② 设置【颜色】为淡蓝色（红：210，绿：236，蓝：255），设置【半径】为37.5mm，勾选【不可见】选项。

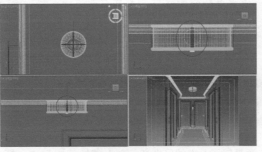

图8-59   图8-60

03 使用【VRay灯光】在壁灯中创建一盏【球体】光，灯光位置如图8-61所示，具体参数设置如图8-62所示。

设置步骤

① 设置【类型】为【球体】、【倍增器】为45。

② 设置【颜色】为淡蓝色（红：210，绿：236，蓝：255），设置【半径】为25mm，勾选【不可见】选项。

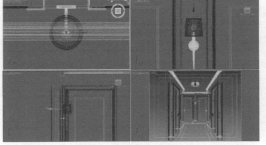

图8-61   图8-62

04 按F9键渲染摄影机视图，效果如图8-63所示，并未出现预期的照亮场景的效果。

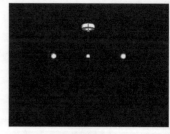

图8-63

技巧与提示

如果继续增加【球体】灯的亮度，灯光强度会变得过大，导致显示不出天花灯和壁灯的效果。所以，这里考虑使用补光来模拟室内照明效果。

05 使用【VRay灯光】在天花板处创建一盏【平面】灯光，灯光位置如图8-64所示，具体参数设置如图8-65所示。

设置步骤

① 设置【类型】为【平面】、【倍增器】为2。

② 设置【颜色】为淡蓝色（红：220，绿：241，蓝：255），设置【1/2长】为1 048mm、【1/2宽】为2 735mm，勾选【不可见】选项，取消勾选【影响高光反射】和【影响反射】选项。

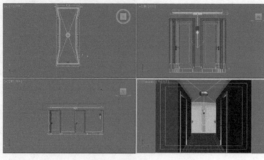

图8-64

图8-65

06 按F9键渲染摄影机视图，效果如图8-66所示，此时照明效果良好。

【案例总结】

本例是一个典型的封闭场景，场景中的主光源是天花灯和壁灯，但这只是名义上的，实际为场景照明的是补光。需要注意的是，在效果图中的封闭场景，并不是严格意义的封闭场景，而是由室内灯光照明，天光和太阳光不存在或不作为照明光源。

图8-66

拓展练习

场景位置	练习 > 场景文件 >CH08> 练习 65.max
实例位置	练习 > 实例文件 >CH08> 练习 65.max
视频文件	多媒体教学 >CH08> 练习 65.mp4

扫码观看视频

这是一个洗浴空间，照明光源是镜子上方的日光灯。在制作时，使用【VRay灯光】的【平面】光来模拟日光灯，然后使用【平面】作为补光照亮场景即可完成灯光布置，灯光参考位置如图8-67所示。

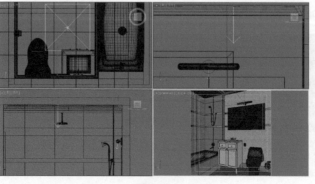

图8-67

最终效果图

案例 66
夜晚环境的灯光

		扫码观看视频
场景位置	案例 > 场景文件 >CH08> 案例 66.max	
实例位置	案例 > 实例文件 >CH08> 案例 66.max	
视频文件	多媒体教学 >CH08> 案例 66.mp4	
技术掌握	【VRay 灯光】工具、夜晚灯光的制作方法	

【制作分析】

夜晚灯光的布置与封闭空间比较类似，都是布置室内灯光。在制作夜晚灯光时，通常使用较丰富的室内灯光来表现夜晚的光照氛围，如台灯、壁灯、筒灯、床头柜灯等常见室内灯光。

【制作步骤】

01 打开光盘文件中的"案例>场景文件>CH08>案例66.max"文件，如图8-68所示，按F9键渲染摄影机视图，效果如图8-69所示，室内一片漆黑，只能看到窗外的夜景。

最终效果图

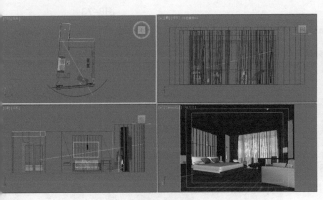

图8-68

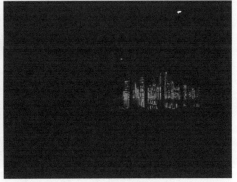

图8-69

02 使用【VRay灯光】在台灯中创建一盏【球体】灯光，灯光位置如图8-70所示，具体参数设置如图8-71所示。

设置步骤

① 设置【类型】为【球体】、【倍增器】为50。

② 设置【颜色】为黄色（红：255，绿：144，蓝：24），设置【半径】为100mm，勾选【不可见】选项。

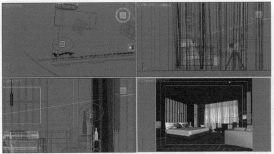

图8-70

图8-71

技巧与提示

在制作夜晚灯光时，通常将灯光颜色调整为黄色，可以更好地突显出夜间的氛围。

03 使用【VRay灯光】在壁灯中创建一盏【球体】灯光，灯光位置如图8-72所示，具体参数设置如图8-73所示。

设置步骤

① 设置【类型】为【球体】、【倍增器】为80。

② 设置【颜色】为黄色（红：255，绿：143，蓝：44），设置【半径】为40mm，勾选【不可见】选项。

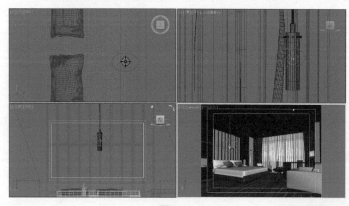

图8-72　　　　　　　　　　　　　　　　　图8-73

04 按F9键渲染摄影机视图，效果如图8-74所示，此时台灯和壁灯均点亮，整个场景也有了一丝夜间的氛围。

05 使用【VRay灯光】在床头柜中创建两盏【平面】光（为了方便设置参数，可以使用复制【实例】的形式创建），灯光位置如图8-75所示，具体参数设置如图8-76所示。

图8-74

设置步骤

① 设置【类型】为【平面】、【倍增器】为8。

② 设置【颜色】为蓝色（红：255，绿：214，蓝：149），设置【1/2长】为80mm、【1/2宽】为250mm，勾选【不可见】选项。

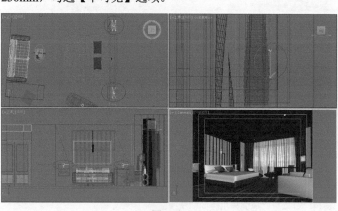

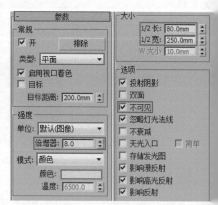

图8-75　　　　　　　　　　　　　　　　　图8-76

170

06 按F9键渲染摄影机视图，效果如图8-77所示，此时床头也被照亮，但整体偏暗。

图8-77

07 使用【VRay灯光】在窗口创建一盏【平面】灯，向内照射，作为补光，灯光位置如图8-78所示，具体参数设置如图8-79所示。

设置步骤

① 设置【类型】为【平面】、【倍增器】为9。

② 设置【颜色】为黄色（红：255，绿：214，蓝：149），设置【1/2长】为1 750mm、【1/2宽】为860mm，勾选【不可见】选项，取消勾选【影响高光反射】和【影响反射】选项。

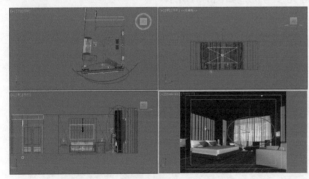

图8-78   图8-79

技巧与提示

这里之所以设置颜色为蓝色，是为了模拟外景的灯光颜色。

08 按F9键渲染摄影机视图，效果如图8-80所示，夜晚效果非常明显。

图8-80

【案例总结】

　　本例制作的是一个卧室的夜晚灯光效果。这里主要通过台灯、壁灯、床头柜灯和外景效果来模拟夜晚的灯光效果，同时使用泛黄的室内灯光来模拟夜晚的昏暗效果，使用补光来模拟出室外灯光的照射效果。

拓展练习	场景位置	练习 > 场景文件 >CH08> 练习 66.max
	实例位置	练习 > 实例文件 >CH08> 练习 66.max
	视频文件	多媒体教学 >CH08> 练习 66.mp4

扫码观看视频

　　这是一个制作黎明灯光效果的练习，制作原理与夜晚灯光类似，区别在于，黎明灯光强度更大，颜色更冷，这样便能突显出黎明的清冷感，灯光参考位置如图8-81所示。

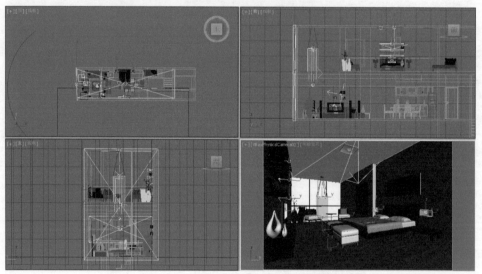

图8-81

第 09 章

渲染效果图

本章将介绍不同风格的效果图的表现方法，包括中式、欧式和现代风格，以及工装环境的常规表现方法。在介绍这些表现技法之前，我们还需掌握效果图制作的最后一步——渲染。当完成建模、材质、灯光后，就已经是"万事俱备，只欠东风"了，这里的"东风"就是指"渲染"，渲染就是对场景进行着色的过程，它是通过复杂的运算，将虚拟的三维场景投射到二维平面上，这个过程需要对渲染器进行复杂的设置。

知识技法掌握

掌握 VRay 渲染器的重要参数

掌握【图像采样器（反锯齿）】参数的作用

掌握【间接照明】选项卡中的重要参数

掌握【颜色贴图】对曝光的影响

掌握渲染参数的设置原理

掌握中式风格的表现方法

掌握欧式风格的表现方法

掌握现代风格的表现方法

掌握工装环境的表现方法

案例 67
VRay 渲染设置

场景位置	案例 > 场景文件 >CH09> 案例 67.max
实例位置	案例 > 实例文件 >CH09> 案例 67.max
视频文件	多媒体教学 >CH09> 案例 67.mp4
技术掌握	【图像采样器（反锯齿）】【间接照明】【颜色贴图】

启动3ds Max 2014，按F10键打开【渲染设置】对话框，如图9-1所示，通过设置【输出大小】下的【宽度】和【高度】可以控制渲染图的大小。

图9-1

技巧与提示

下面将重点介绍常用的渲染参数。

VRay选项卡

切换到VRay选项卡，如图9-2所示。

① 【全局开关】卷展栏

【全局开关】展卷栏下的参数主要用来对场景中的灯光、材质、置换等进行全局设置，如是否使用默认灯光、是否开启阴影、是否开启模糊等，如图9-3所示。

图9-2

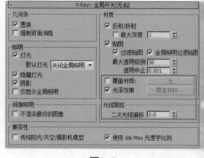

图9-3

重要参数介绍

覆盖材质：是否给场景赋予一个全局材质。当在后面的通道中设置了一个材质后，那么场景中所有的物体都将使用该材质进行渲染，这在测试阳光效果及检查模型完整度时非常有用。

光泽效果：是否开启反射或折射模糊效果。当关闭该选项时，场景中带模糊的材质将不会渲染出反射或折射模糊效果。

二次光线偏移：这个选项主要用来控制有重面的物体在渲染时不会产生黑斑。如果场景中有重面，在默认值0的情况下将会产生黑斑，一般通过设置一个比较小的值来纠正渲染错误，如0.001。但是如果这个值设置得比较大，如10，那么场景中的间接照明将变得不正常。例如，在图9-4中，地板上放了一个长方体，它的位置刚好和地板重合，当【二次光线偏移】数值为0的时候渲染结果不正确，出现黑块；当【二次光线偏移】数值为0.001的时候，渲染结果正常，没有黑斑，如图9-5所示。

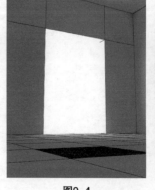

图9-4

图9-5

② 【图像采样器（反锯齿）】卷展栏

【反（抗）锯齿】在渲染设置中是一个必须调整的参数，其数值的大小决定了图像的渲染精度和渲染时间，但反锯齿与全局照明精度的高低没有关系，只作用于场景物体的图像和物体的边缘精度，其参数设置面板如图9-6所示。

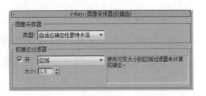

图9-6

重要参数介绍

类型：用来设置【图像采样器】的类型，包括【固定】、【自适应确定性蒙特卡洛】和【自适应细分】3种类型。

固定：对每个像素使用一个固定的细分值。该采样方式适合拥有大量的模糊效果（如运动模糊、景深模糊、反射模糊、折射模糊等）或者具有高细节纹理贴图的场景。在这种情况下，使用【固定】方式能够兼顾渲染品质和渲染时间。

自适应确定性蒙特卡洛：这是最常用的一种采样器，也翻译为【自适应DMC】，在下面的内容中还要单独介绍，其采样方式可以根据每个像素以及与它相邻像素的明暗差异来使不同像素使用不同的样本数量。在角落部分使用较高的样本数量，在平坦部分使用较低的样本数量。该采样方式适合拥有少量的模糊效果或者具有高细节的纹理贴图以及具有大量几何体面的场景。

自适应细分：这个采样器具有负值采样的高级抗锯齿功能，适用于在没有或者有少量的模糊效果的场景中，在这种情况下，它的渲染速度最快，但是在具有大量细节和模糊效果的场景中，它的渲染速度会非常慢，渲染品质也不高，这是因为它需要去优化模糊和大量的细节，这样就需要对模糊和大量细节进行预计算，从而把渲染速度降低。同时该采样方式是3种采样类型中最占内存资源的一种，而【固定】采样器占的内存资源最少。

开：当勾选【开】选项以后，可以从后面的下拉列表中选择一个抗锯齿过滤器来对场景进行抗锯齿处理；如果不勾选【开】选项，那么渲染时将使用纹理抗锯齿过滤器。抗锯齿过滤器的类型有以下16种，如图9-7所示，常用的有以下两种。

区域：用区域大小来计算抗锯齿程度，如图9-8所示。

Mitchell-Netravali：一种常用的过滤器，能产生微量模糊的图像效果，如图9-9所示，这是一种很常用的过滤器。

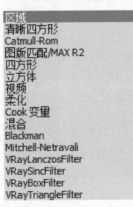

图9-7

图9-8

图9-9

大小：设置过滤器的大小。

③ 【自适应DMC图像采样器】卷展栏

【自适应DMC图像采样器】是一种高级抗锯齿采样器。展开【图像采样器（反锯齿）】卷展栏，然后在【图像采样器】选项组下设置【类型】为【自适应确定性蒙特卡洛】，此时系统会增加一个【自适应DMC图像采样器】卷展栏，如图9-10所示。

重要参数介绍

最小细分：定义每个像素使用样本的最小数量。

最大细分：定义每个像素使用样本的最大数量。

图9-10

颜色阈值：色彩的最小判断值，当色彩的判断达到这个值以后，就停止对色彩的判断。具体一点就是分辨哪些是平坦区域，哪些是角落区域。这里的色彩应该理解为色彩的灰度。

显示采样：勾选该选项后，可以看到【自适应DMC】的样本分布情况。

使用确定性蒙特卡洛采样器阈值：如果勾选了该选项，【颜色阈值】选项将不起作用，取而代之的是采用DMC（自适应确定性蒙特卡洛）图像采样器中的阈值。

④ 【颜色贴图】卷展栏

【颜色贴图】卷展栏下的参数主要用来控制整个场景的颜色和曝光方式，如图9-11所示。

重要参数介绍

类型：提供不同的曝光模式，包括【线性倍增】、【指数】、【HSV指数】、【强度指数】、【伽玛校正】、【强度伽玛】和【莱因哈德】7种模式。

图9-11

线性倍增：这种模式将基于最终色彩亮度来进行线性的倍增，可能会导致靠近光源的点过分明亮，效果如图9-12所示。【线性倍增】模式包括3个局部参数，【暗色倍增】是对暗部的亮度进行控制，加大该值可以提高暗部的亮度；【亮度倍增】是对亮部的亮度进行控制，加大该值可以提高亮部的亮度；【伽玛值】主要用来控制图像的伽玛值。

指数：这种曝光是采用指数模式，它可以降低靠近光源处表面的曝光效果，同时场景颜色的饱和度会降低，效果如图9-13所示。【指数】模式的局部参数与【线性倍增】一样。

HSV指数：与【指数】曝光比较相似，不同点在于【HSV指数】可以保持场景物体的颜色饱和度，但是这种方式会取消高光的计算，效果如图9-14所示。【HSV指数】模式的局部参数与【线性倍增】一样。

图9-12

图9-13

图9-14

强度指数：这种方式是对上面两种指数曝光的结合，既抑制了光源附近的曝光效果，又保持了场景物体的颜色饱和度，效果如图9-15所示。【强度指数】模式的局部参数与【线性倍增】相同。

伽玛校正：采用伽玛来修正场景中的灯光衰减和贴图色彩，其效果和【线性倍增】曝光模式类似，效果如图9-16所示。【伽玛校正】模式包括【倍增】、【反向伽玛】和【伽马值】3个局部参数，【倍增】主要用来控制图像的整体亮度倍增；【反向伽玛】是VRay内部转化的，如输入2.2就是和显示器的伽玛2.2相同；【伽玛值】主要用来控制图像的伽玛值。

强度伽玛：这种曝光模式不仅拥有【伽玛校正】的优点，同时还可以修正场景灯光的亮度，如图9-17所示。

图9-15　　　　　　　　　　　图9-16　　　　　　　　　　　图9-17

菜因哈德：这种曝光方式可以把【线性倍增】和【指数】曝光混合起来。它包括一个【加深值】局部参数，主要用来控制【线性倍增】和【指数】曝光的混合值，0表示【线性倍增】不参与混合，效果如图9-18所示；1表示【指数】不参与混合，效果如图9-19所示；0.5表示【线性倍增】和【指数】曝光效果各占一半，效果如图9-20所示。

图9-18　　　　　　　　　　　图9-19　　　　　　　　　　　图9-20

子像素贴图：在实际渲染时，物体的高光区与非高光区的界限处会有明显的黑边，而开启【子像素贴图】选项后就可以缓解这种现象。

钳制输出：当勾选这个选项后，在渲染图中有些无法表现出来的色彩会通过限制来自动纠正。但是当使用HDRI（高动态范围贴图）的时候，如果限制了色彩的输出会出现一些问题。

影响背景：控制是否让曝光模式影响背景。当关闭该选项时，背景不受曝光模式的影响。

【间接照明】选项卡

切换到【间接照明】选项卡，如图9-21所示。下面重点讲解【间接照明（GI）】、【发光图】、【灯光缓存】和【焦散】卷展栏下的参数。

图9-21

技巧与提示

在默认情况下是没有【灯光缓存】卷展栏的，要调出这个卷展栏，需要先在【间接照明（GI）】卷展栏下将【二次反弹】的【全局照明引擎】设置为【灯光缓存】，如图9-22所示。

图9-22

① 【间接照明（GI）】卷展栏

开启间接照明后，光线会在物体与物体间互相反弹，因此光线计算会更加准确，图像也更加真实，其参数设置面板如图9-23所示。

重要参数介绍

首次反弹：用于设置光线的首次反弹。

倍增器：控制【首次反弹】的光的倍增值。值越高，【首次反弹】的光的能量越强，渲染场景越亮，默认情况下为1。

图9-23

全局照明引擎：设置【首次反弹】的GI引擎，包括【发光图】、【光子图】、【BF算法】和【灯光缓存】4种，常设置为【发光图】。

二次反弹：用于设置光线的二次反弹。

倍增器：控制【二次反弹】的光的倍增值。值越高，【二次反弹】的光的能量越强，渲染场景越亮，最大值为1，默认情况下也为1。

全局照明引擎：设置【二次反弹】的GI引擎，包括【无】（表示不使用引擎）、【光子图】、【BF算法】和【灯光缓存】4种，常设置为【灯光缓存】。

② 【发光图】卷展栏

【发光图】中的【发光】描述了三维空间中的任意一点以及全部可能照射到这点的光线，它是一种常用的全局光引擎，只存在于【首次反弹】引擎中，其参数设置面板如图9-24所示。

重要参数介绍

当前预置：设置发光图的预设类型，共有以下8种。

自定义：选择该模式时，可以手动调节参数。

非常低：一种非常低的精度模式，主要用于测试阶段。

低：一种比较低的精度模式，不适合用于保存光子贴图。

中：一种中级品质的预设模式。

中-动画：用于渲染动画效果，可以解决动画闪烁的问题。

图9-24

高：一种高精度模式，一般用在光子贴图中。

高-动画：比中等品质效果更好的一种动画渲染预设模式。

非常高：预设模式中精度最高的一种，可以用来渲染高品质的效果图。

半球细分：因为VRay采用的是几何光学，所以它可以模拟光线的条数。这个参数就是用来模拟光线的数量，值越高，表现的光线越多，样本精度也就越高，渲染的品质也越好，同时渲染时间也会增加，图9-25和图9-26所示的是【半球细分】为20和100时的效果对比。

插值采样：这个参数是对样本进行模糊处理，较大的值可以得到比较模糊的效果，较小的值可以得

178

到比较锐利的效果，图9-27和图9-28所示的是【插值采样】为2和20时的效果对比。

图9-25

图9-26

图9-27

图9-28

开：是否开启【细节增强】功能。

比例：细分半径的单位依据，有【屏幕】和【世界】两个单位选项。【屏幕】是指用渲染图的最后尺寸来作为单位；【世界】是用3ds Max系统中的单位来定义的。

半径：表示细节部分有多大区域使用【细节增强】功能。【半径】值越大，使用【细节增强】功能的区域也就越大，同时渲染时间也越慢。

细分倍增：控制细节的细分，但是这个值和【发光图】里的【半球细分】有关系，0.3代表细分是【半球细分】的30%；1代表和【半球细分】的值一样。值越低，细节就会产生杂点，渲染速度比较快；值越高，细节就可以避免产生杂点，同时渲染速度会变慢。

③【灯光缓存】卷展栏

【灯光缓存】与【发光图】比较相似，都是将最后的光发散到摄影机后得到最终图像，只是【灯光缓存】与【发光图】的光线路径是相反的，【发光图】的光线追踪方向是从光源发射到场景的模型中，最后再反弹到摄影机，而【灯光缓存】是从摄影机开始追踪光线到光源，摄影机追踪光线的数量就是【灯光缓存】的最后精度。由于【灯光缓存】是从摄影机方向开始追踪的光线的，所以最后的渲染时间与渲染的图像的像素没有关系，只与其中的参数有关，一般适用于【二次反弹】，其参数设置面板如图9-29所示。

重要参数介绍

细分：用来决定【灯光缓存】的样本数量。值越高，样本总量越多，渲染效果越好，渲染时间越慢，图9-30和图9-31所示的是【细分】值为200和800时的渲染效果对比。

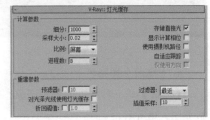

图9-29

图9-30

图9-31

采样大小：用来控制【灯光缓存】的样本大小，比较小的样本可以得到更多的细节，但是同时需要更多的样本，图9-32和图9-32所示的是【采样大小】为0.04和0.01时的渲染效果对比。

图9-32

图9-33

进程数：这个参数由CPU的个数来确定，如果是单CPU单核单线程，那么就可以设定为1；如果是双线程，就可以设定为2。注意，这个值设定得太大会让渲染的图像有点模糊。

存储直接光：勾选该选项以后，【灯光缓存】将保存直接光照信息。当场景中有很多灯光时，使用这个选项会提高渲染速度。因为它已经把直接光照信息保存到【灯光缓存】里，在渲染出图的时候，不需要对直接光照再进行采样计算。

显示计算相位：勾选该选项以后，可以显示【灯光缓存】的计算过程，方便观察。

预滤器：当勾选该选项以后，可以对【灯光缓存】样本进行提前过滤，它主要是查找样本边界，然后对其进行模糊处理。后面的值越高，对样本进行模糊处理的程度越深，图9-34和图9-35所示的是【预滤器】为10和50时的对比渲染效果。

图9-34

图9-35

④【焦散】卷展栏

【焦散】是一种特殊的物理现象，在VRay渲染器里有专门的"焦散"效果调整功能面板，其参数面板如图9-36所示。

重要参数介绍

开：勾选该选项后，就可以渲染焦散效果。

倍增器：焦散的亮度倍增。值越高，焦散效果越亮，图9-37和图9-38所示的分别是【倍增】为4和12时的对比渲染效果。

搜索距离：当光子追踪撞击在物体表面的时候，会自动搜寻位于周围区域同一平面的其他光子，实际上这个搜寻区域是一个以撞击光子为中心的圆形区域，其半径就是由这个搜寻距离确定

图9-36

的。较小的值容易产生斑点，较大的值会产生模糊焦散效果，图9-39和图9-40所示的分别是【搜寻距离】为0.1mm和2mm时的对比渲染效果。

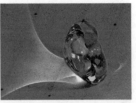

图9-37　　　　　　　　图9-38　　　　　　　　图9-39　　　　　　　　图9-40

最大光子：定义单位区域内的最大光子数量，然后根据单位区域内的光子数量来均分照明。较小的值不容易得到焦散效果；而较大的值会使焦散效果产生模糊现象，图9-41和图9-42所示的分别是【最大光子】为1和200时的对比渲染效果。

最大密度：控制光子的最大密度，默认值0表示使用VRay内部确定的密度，较小的值会让焦散效果比较锐利，图9-43和图9-44所示的分别是【最大密度】为0.01mm和5mm时的对比渲染效果。

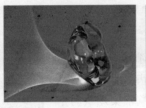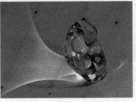

图9-41　　　　　　　　图9-42　　　　　　　　图9-43　　　　　　　　图9-44

【设置】选项卡

切换到【设置】选项卡，其中包含3个卷展栏，分别是【DMC采样器】、【默认置换】和【系统】卷展栏，如图9-45所示。

①【DMC采样器】卷展栏

【DMC采样器】卷展栏下的参数可以用来控制整体的渲染质量和速度，其参数设置面板如图9-46所示。

重要参数介绍

适应数量：主要用来控制适应的百分比。

图9-45

图9-46

噪波阈值：控制渲染中所有产生噪点的极限值，包括灯光细分、抗锯齿等。数值越小，渲染品质越高，渲染速度就越慢。

最小采样值：设置样本及样本插补中使用的最少样本数量。数值越小，渲染品质越低，速度就越快。

全局细分倍增器：VRay渲染器有很多【细分】选项，该选项用来控制所有细分的百分比。

② 【系统】卷展栏

【系统】卷展栏下的参数不仅对渲染速度有影响，而且还会影响渲染的显示和提示功能，其参数设置面板如图9-47所示。

重要参数介绍

最大树形深度：控制根节点的最大分支数量。较高的值会加快渲染速度，同时会占用较多的内存。

最小叶片尺寸：控制叶节点的最小尺寸，当达到叶节点尺寸以后，系统停止计算场景。0表示考虑计算所有的叶节点，这个参数对速度的影响不大。

面/级别系数：控制一个节点中的最大三角面数量，当未超过临近点时计算速度较快；当超过临近点以后，渲染速度会减慢。所以，这个值要根据不同的场景来设定，进而提高渲染速度。

图9-47

动态内存限制：控制动态内存的总量。注意，这里的动态内存被分配给每个线程，如果是双线程，那么每个线程各占一半的动态内存。如果这个值较小，那么系统经常在内存中加载并释放一些信息，这样就减慢了渲染速度。用户应该根据自己的内存情况来确定该值。

案例 68
设置最终渲染参数

场景位置	案例 > 场景文件 >CH09> 案例 68.max
实例位置	案例 > 实例文件 >CH09> 案例 68.max
视频文件	多媒体教学 >CH09> 案例 68.mp4
技术掌握	设置渲染参数的方法、掌握质量与参数的关系

扫码观看视频

【制作分析】

所谓最终渲染参数，就是用于渲染最终效果的渲染参数。渲染参数的设置关键点在于设置【图像采样器（反锯齿）】和【间接照明】，前者控制渲染效果的图像质量，后者控制渲染场景的光影效果。

最终效果图

【制作步骤】

01 打开光盘文件中的"案例>场景文件>CH09>案例68.max"文件，如图9-48所示，这是一个已经完成的场景，所以按F9键渲染摄影机视图，如图9-49所示，这就是未设置渲染参数时的渲染效果，可明显看出场景有很多噪点，且光照无反弹效果。

图9-48

图9-49

02 按F10键打开【渲染设置】对话框，在【公用】选项卡下设置【输出大小】为800×600，如图9-50所示。

03 打开【图像采样器（反锯齿）】卷展栏，设置【图像采样器】的【类型】为【自适应确定性蒙特卡洛】，设置【抗锯齿过滤器】的类型为【Mitchell-Netravali】，如图9-51所示。

04 打开【颜色贴图】卷展栏，设置其【类型】为【线性倍增】，勾选【子像素映射】选项，具体参数设置如图9-52所示。

图9-50

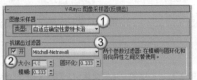

图9-51

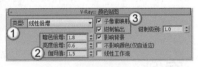

图9-52

05 切换到【间接照明】选项卡，打开【间接照明（GI）】卷展栏，打开全局照明，设置【首次反弹】的【全局照明引擎】为【发光图】、【二次照明】的【全局照明引擎】为【灯光缓存】，如图9-53所示。

06 打开【发光图】卷展栏，设置【当前预置】为【中】，设置【半球细分】为50、【插值采样】为20，如图9-54所示。

07 打开【灯光缓存】卷展栏，设置【细分】为1 000，勾选【显示计算相位】选项，设置【预滤器】为20，如图9-55所示。

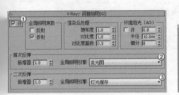

图9-53

图9-54

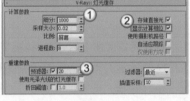

图9-55

技巧与提示

关于【进程数】，请根据计算机CPU配置进行设置，CPU为多少线程就设置为多少。例如，CPU为8线程的处理器，这里就设置为8。

08 切换到【设置】选项卡，设置【适应数量】为0.76、【噪波阈值】为0.008、【最小采样值】为20，如图9-56所示。

09 按F9键渲染摄影机视图，如图9-57所示，此时的渲染效果就正常了。

图9-56

图9-57

【案例总结】

设置最终渲染参数是效果图制作的最后一步，参数设置的高低直接影响效果图的渲染质量，当然，渲染质量和渲染时间是成反比的，所以在设置渲染参数时，要根据实际硬件配置和工作时间考虑，不能一味地追求高质量效果图，而使工作效率降低。

拓展练习

场景位置	练习 > 场景文件 >CH09> 练习 68.max
实例位置	练习 > 实例文件 >CH09> 练习 68.max
视频文件	多媒体教学 >CH09> 练习 68.mp4

这是一个设置测试渲染参数的练习，设置测试参数是为了快速测试效果，所以渲染时间是最重要的，通常会设置相对较低的参数，在大致能看出渲染效果的情况下，追求极致的渲染速度。

扫码观看视频

最终效果图

案例 69
中式风格客厅表现

场景位置	案例 > 场景文件 >CH09> 案例 69.max
实例位置	案例 > 实例文件 >CH09> 案例 69.max
视频文件	多媒体教学 >CH09> 案例 69.mp4
技术掌握	木纹材质的制作、天光的模拟方法、曝光的控制方法

扫码观看视频

【制作分析】

中式风格是室内装修比较常见的一种装修风格，主要通过家具和装修材料来表现中式风，中式风格的色调偏红，颜色偏深，家具形状非常方正，选材通常是实木，格局同样也比较方正。总之，中式风格整体看起来比较庄肃，颇有古典的韵味。

最终效果图

【制作步骤】

打开光盘文件中的"案例>场景文件>CH09>案例69.max"文件，如图9-58所示。此时场景中已经设置好了摄影机。

制作材质

下面将介绍场景中重要材质的制作方法，材质分布如图9-59所示。

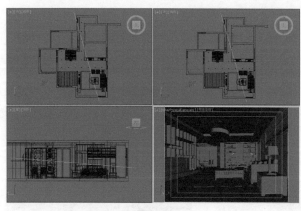

图9-58

图9-59

01 制作天花板材质。新建一个VRayMtl材质球，设置【漫反射】颜色为白色（红：253，绿：253，蓝：253），如图9-60所示，材质球效果如图9-61所示。

图9-60

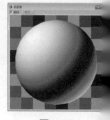

图9-61

02 制作墙纸材质。新建一个VRayMtl材质球，在【漫反射】贴图通道中加载一张墙纸贴图，如图9-62所示，材质球效果如图9-63所示。

图9-62　　　　　　　　　　　　　　　　　图9-63

03 制作茶几木纹材质。新建一个VRayMtl材质球，具体参数设置如9-64所示，材质球效果如图9-65所示。

设置步骤

① 在【漫反射】贴图通道中加载一张木纹贴图。

② 在【反射】贴图通道中加载一张【衰减】程序贴图，设置【衰减类型】为Fresnel，设置【高光光泽度】为0.67、【反射光泽度】为0.75、【细分】为20。

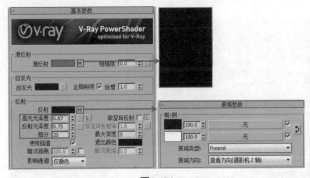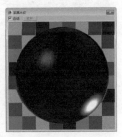

图9-64　　　　　　　　　　　　　　　　　图9-65

04 制作地板材质。新建一个VRayMtl材质球，具体参数设置如图9-66所示，材质球效果如图9-67所示。

设置步骤

① 在【漫反射】贴图通道中加载一张地板贴图。

② 设置【反射】颜色为（红：27，绿：27，蓝：27），设置【高光光泽度】为0.65。

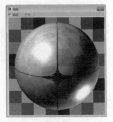

图9-66　　　　　　　　　　　　　　　　　图9-67

05 制作沙发材质。新建一个VRayMtl材质球，打开【贴图】卷展栏，在【漫反射】和【凹凸】贴图通道中分别加载一张相同的布料材质，如图9-68所示，材质球效果如图9-69所示。

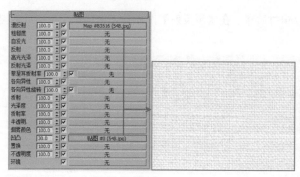
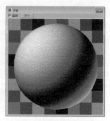

图9-68   图9-69

06 制作地台材质。新建一个**VRayMtl**材质球，具体参数设置如图9-70所示，材质球效果如图9-71所示。

设置步骤

① 在【漫反射】贴图通道中加载一张大理石贴图。

② 设置【反射】颜色为（红：32，绿：32，蓝：32），设置【高光光泽度】为0.65、【反射光泽度】为0.92。

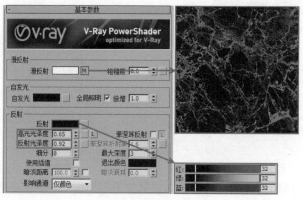

图9-70   图9-71

07 制作灯罩材质。新建一个VRayMtl材质球，设置【漫反射】颜色为（红：255，绿：253，蓝：248），设置【折射】颜色为（红：50，绿：50，蓝：50），如图9-72所示，材质球效果如图9-73所示。

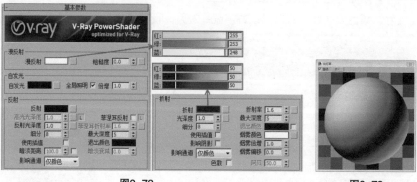

图9-72   图9-73

08 制作天花灯带材质。新建一个【VRay灯光】材质球，在【颜色】贴图通道中加载一张灯罩花纹贴图，如图9-74所示，材质球效果如图9-75所示。

渲染效果图

中文版 3ds Max/VRay 效果图制作案例教程（微课版）

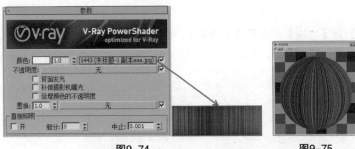

图9-74

图9-75

技巧与提示

　　由于篇幅问题，只介绍了场景中的重要材质，对于其他材质的制作在制作原理上都差不多，读者可以通过实例文件来查询其他材质的参数。另外，在指定有贴图的材质时，千万不要忘记设置【UVW贴图】修改器。

设置测试参数

　　下面要对场景进行布光，在布光之前，应设置合理的渲染参数，方便测试灯光效果。

01 按F10键打开【渲染设置】对话框，设置【渲染输出】为400×300，如图9-76所示。

02 切换到VRay选项卡，打开【图像采样器（反锯齿）】卷展栏，设置【类型】为【固定】，选择【抗锯齿过滤器】的类型为【区域】，如图9-77所示。

图9-76

图9-77

03 切换到【间接照明】选项卡，打开【间接照明（GI）】选项卡，设置【二次反弹】为【灯光缓存】，如图9-78所示。

04 打开【发光图】卷展栏，设置【当前预设】为【非常低】，设置【半球细分】和【插值采样】均为20，如图9-79所示。

05 打开【灯光缓存】卷展栏，设置【细分】为300，勾选【显示计算相位】选项，如图9-80所示。

图9-78

图9-79

图9-80

技巧与提示

　　测试参数都是大同小异的，主要目的就是为了提高渲染速度。

布置灯光

　　中式场景的灯光比较简单，光线强度也比较柔和，下面将具体介绍设置方法。

01 使用【VRay灯光】在顶视图中创建一盏【穹顶】光，用于模拟自然光照效果，灯光位置如图9-81所示，具体参数设置如图9-82所示。

设置步骤

① 设置【类型】为【穹顶】，设置【倍增器】为15。

② 设置【颜色】为天蓝色（红：144，绿：188，蓝：288），勾选【不可见】选项。

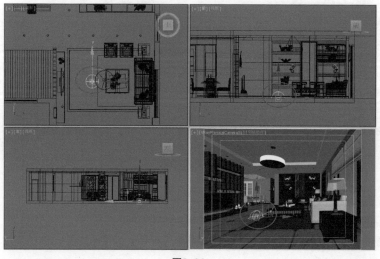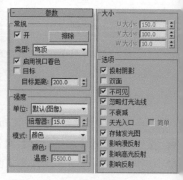

图9-81 　　　　　　　　　　　　　　　图9-82

技巧与提示

之所以用【穹顶】光来模拟环境光，是因为【穹顶】光能平稳地照射整个场景，对于表现中式风格的柔和灯光，正好合适。

02 按F9键渲染摄影机视图，效果如图9-83所示，此时环境光照亮了整个场景，接下来只需要创建室内灯光丰富场景即可。

技巧与提示

因为吊灯内和天花灯都是由【VRay灯光】材质制作的灯带，所以会产生光照。

图9-83

03 使用【目标灯光】在场景中创建9盏灯光，将它们移动到筒灯处，位置如图9-84所示，具体参数设置如图9-85所示。

设置步骤

① 设置【阴影】类型为【VRay阴影】，设置【灯光分布（类型）】为【光度学Web】，在【分布（光度学Web）】中加载一个【中间亮.ies】灯光文件。

② 设置【过滤颜色】为（红：255，绿：205，蓝：141），设置【强度】为9000。

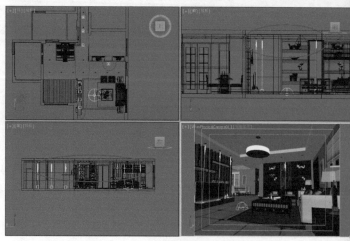

图9-84

中文版 3ds Max/VRay 效果图制作案例教程（微课版）

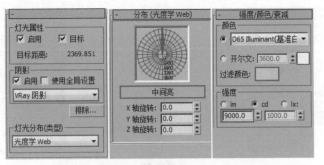

图9-85

04 按F9键渲染摄影机视图，效果如图9-86所示，效果图包含了筒灯照射效果。

图9-86

05 使用【VRay灯光】在两盏台灯中分别创建一盏【球体】灯，位置如图9-87所示，具体参数设置如图9-88所示。

设置步骤

① 设置【类型】为【球体】，设置【倍增器】为60。

② 设置【颜色】为（红：255，绿：194，蓝：97），设置【半径】为30，勾选【不可见】选项，取消勾选【影响反射】选项。

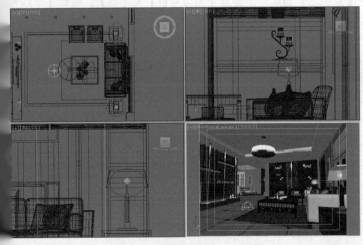

图9-87

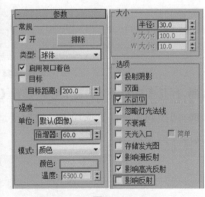

图9-88

06 按F9键渲染摄影机视图，效果如图9-89所示，此时台灯也产生了照明效果。

07 按8键打开【环境和效果】对话框，为场景设置环境。设置【颜色】为天空蓝色（红：96，绿：165，蓝：229），如图9-90所示，按F9键渲染摄影机视图，效果如图9-91所示，此时窗外是蓝色，表示环境设置成功。

图9-89

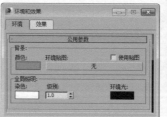
图9-90

图9-91

技巧与提示

沙发处有曝光过度的情况，可以在渲染参数中进行控制。

渲染效果

在前面的操作中，灯光、材质和环境都设置完成了，接下来将设置最终渲染参数。

01 按F10键打开【渲染设置】对话框，设置【输出大小】为1 600×1 200，如图9-92所示。

02 切换到VRay卷展栏，打开【图像采样器（反锯齿）】卷展栏，设置【类型】为【自适应确定性蒙特卡洛】，选择【抗锯齿过滤器】为【Mitchell-Netravali】，如图9-93所示。

图9-92

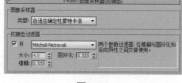
图9-93

03 打开【颜色贴图】卷展栏，设置【暗色倍增】为1.5、【亮度倍增】为0.65，提高场景中暗区域的亮度，降低亮区域的亮度，勾选【子像素贴图】和【钳制输出】选项，如图9-94所示。

04 切换到【间接照明】选项卡，打开【发光图】卷展栏，设置【当前预设】为【高】，设置【半球细分】为60、【插值采样】为30，如图9-95所示。

图9-94

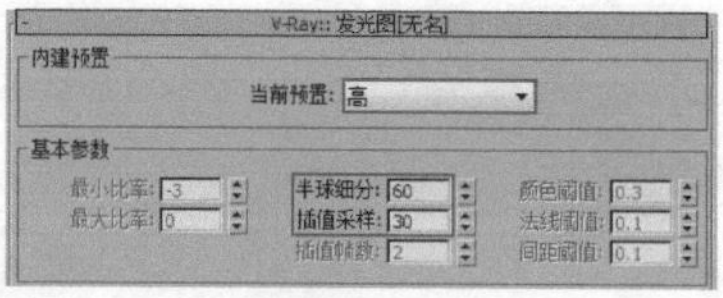

图9-95

05 打开【灯光缓存】卷展栏，设置【细分】为1 200，如图9-96所示。

06 切换到【设置】选项卡，设置【适应数量】为0.72、【噪波阈值】为0.005、【最小采样值】为20，如图9-97所示。

图9-96

图9-97

07 按F9键渲染摄影机视图，经过长时间的渲染，中式风格的客厅效果如图9-98所示。

图9-98

【案例总结】

本例介绍的是中式客厅的表现方法。在表现中式风格时，主要通过家具、空间格局以及装饰选材上去表现。中式风格突出的是一种古典、严肃的氛围，所以在灯光搭配时，应该设置柔和、平稳的灯光。另外，在表现中式风格时，通常选择黄昏或者晚上时分，可以使中式风格的氛围更加明显。

拓展练习		
场景位置	练习 > 场景文件 >CH09> 练习 69.max	
实例位置	练习 > 实例文件 >CH09> 练习 69.max	
视频文件	多媒体教学 >CH09> 练习 69.mp4	

扫码观看视频

这是一个中式客厅的表现练习，本场景是以室外太阳光照射场景作为主光，以室内筒灯和台灯作为点缀光。基于中式风格的特点，场景中的模型是方正的，材质以实木、棉布为主，整体光效柔和，突出古典严肃的氛围。

案例 70
欧式风格卧室表现

场景位置	案例 > 场景文件 >CH09> 案例 70.max
实例位置	案例 > 实例文件 >CH09> 案例 70.max
视频文件	多媒体教学 >CH09> 案例 70.mp4
技术掌握	欧式风格的表现、皮革材质的制作、灯光的设置方法

【制作分析】

　　欧式风格表现的是一种奢华、高贵的空间氛围，所以在设计欧式风格的时候，画面通常以白色、金黄色为主调，通过暖色调的灯光来突显出奢华的氛围。另外，欧式风格的家具材料通常是金属、印花布料、烤漆等。

【制作步骤】

　　打开光盘文件中的"案例>场景文件>CH09>案例70.max"文件，如图9-99所示。

制作材质

　　下面介绍场景中主要材质的制作方法，主要材质分布如图9-100所示。

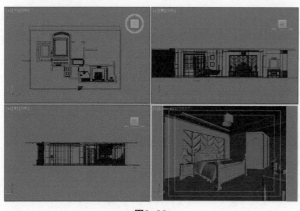

图9-99　　　　　　　　　　图9-100

01 制作白漆材质。新建一个VRayMtl材质球，具体参数设置如图9-101所示，材质球效果如图9-102所示。

设置步骤

　　① 设置【漫反射】颜色为（红：230，绿：230，蓝：230）。

　　② 设置【反射】颜色为（红：120，绿：120，蓝：120），设置【高光光泽度】为【0.75】、【反射光泽度】为0.8、【细分】为12，勾选【菲涅耳反射】选项。

　　③ 打开【贴图】卷展栏，在【凹凸】贴图中加载一张【噪波】贴图，设置【大小】为1，设置【凹凸】强度为10。

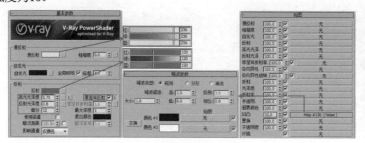

图9-101　　　　　　　　　　图9-102

02 制作皮材质。新建一个VRayMtl材质球，具体参数设置如图9-103所示，材质球效果如图9-104所示。

设置步骤

① 设置【漫反射】颜色为（红：194，绿：154，蓝：102）。

② 设置【反射】颜色为（红：45，绿：45，蓝：45），设置【高光光泽度】为0.59、【反射光泽度】为0.63、【细分】为30。

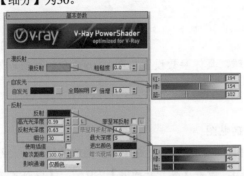
图9-103

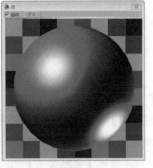
图9-104

03 制作床单材质。新建一个VRayMtl材质球，具体参数设置如图9-105所示，材质球效果如图9-106所示。

设置步骤

① 在【漫反射】贴图通道中加载一张花布贴图。

② 设置【反射】颜色为（红：15，绿：15，蓝：15），设置【高光光泽度】为0.67、【反射光泽度】为0.89。

图9-105

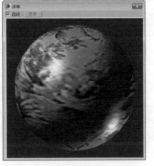
图9-106

04 制作地板材质。新建一个VRayMtl材质球，具体参数设置如图9-107所示，材质球效果如图9-108所示。

设置步骤

① 在【漫反射】贴图通道中加载一张木纹贴图。

② 在【反射】贴图通道中加载一张衰减程序贴图，设置【侧】通道颜色为（红：223，绿：241，蓝：254），设置【衰减类型】为Fresnel，设置【高光光泽度】为0.67、【反射光泽度】为0.85、【细分】为20。

③ 打开【贴图】卷展栏，将【漫反射】通道中的贴图拖曳复制到【凹凸】贴图中，设置【凹凸】强度为10。

＊

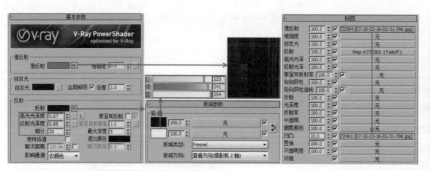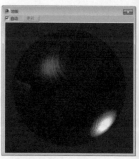

图9-107　　　　　　　　　　　　　　　　　　图9-108

05 制作瓷砖材质。新建一个VRayMtl材质球，具体参数设置如图9-109所示，材质球效果如图9-110所示。

设置步骤

① 在【漫反射】贴图通道中加载一张瓷砖贴图。

② 在【漫反射】贴图通道中加载一张【衰减】贴图，设置【侧】通道的颜色为（红：232，绿：244，蓝：254），设置【衰减类型】为Frenesl，设置【高光光泽度】为0.67、【反射光泽度】为0.88、【细分】为20。

③ 打开【贴图】卷展栏，将【漫反射】通道中的贴图拖曳复制到【凹凸】贴图中，设置【凹凸】强度为5。

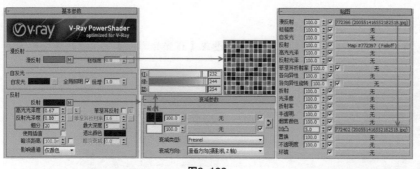

图9-109　　　　　　　　　　　　　　　　　　图9-110

技巧与提示

关于其他材质的制作方法，在前面的案例和【第05章】、【第06章】中可以查询，也可以打开实例文件查询。

设置测试参数

测试参数请参考【案例69】中的测试参数，在此不做多余介绍。

布置灯光

欧式场景的灯光比较丰富，而且强度也较大，下面具体介绍设置方法。

01 在吊灯中的4个灯柱上创建4盏【VRay灯光】的球体灯，灯光位置如图9-111所示，具体参数设置如图9-112所示。

设置步骤

① 设置【类型】为【球体】，设置【倍增器】为100。

② 设置灯光【颜色】为黄色（红：244，绿：205，蓝：143），设置【半径】为10mm，勾选【不可见】选项。

194

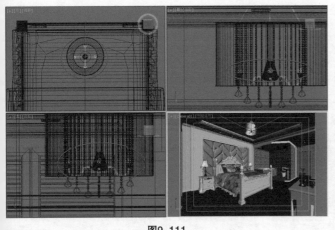

图9-111

参数

常规
☑ 开   排除
类型: 球体
☑ 启用视口着色
☐ 目标
目标距离: 200.0mm

强度
单位: 默认(图像)
倍增器: 100.0
模式: 颜色
颜色:
温度: 6500.0

大小
半径: 10.0mm
V 大小: 10.0mm
W 大小: 10.0mm

选项
☑ 投射阴影
☐ 双面
☑ 不可见
☑ 忽略灯光法线
☐ 不衰减
☐ 天光入口   ☐ 简单
☐ 存储发光图
☑ 影响漫反射
☑ 影响高光反射
☑ 影响反射

图9-112

02 按F9键渲染摄影机视图,效果如图9-113所示,此时吊灯有照明效果。

图9-113

03 创建床头筒灯。使用【目标灯光】在床上方的吊顶处创建3盏灯光,位置如图9-114所示,具体参数设置如图9-115所示。

设置步骤

① 设置【阴影】类型为【VRay阴影】,设置【灯光分布(类型)】为【光度学Web】,在【分布(光度学Web)】中加载一个【19.ies】灯光文件。

② 设置【过滤颜色】为(红: 250,绿: 212,蓝: 153),设置【强度】为14 000。

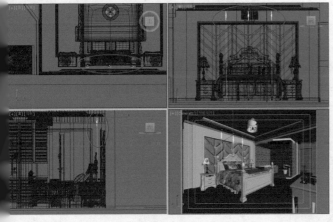

图9-114

常规参数

灯光属性
☑ 启用   ☑ 目标
目标距离: 2422.614mm

阴影
☑ 启用 ☐ 使用全局设置
VRay 阴影
排除...

灯光分布(类型)
光度学 Web

分布 (光度学 Web)

19

X 轴旋转: 0.0
Y 轴旋转: 0.0
Z 轴旋转: 0.0

强度/颜色/衰减
颜色
◉ D65 Illuminant(基准白)
○ 开尔文: 3600.0
过滤颜色:
强度
○ lm ◉ cd ○ lx:
14000.0   1000.0m

图9-115

04 按F9键渲染摄影机视图,效果如图9-116所示,此时床头被照亮。

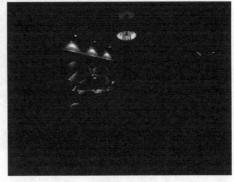

图9-116

05 创建浴室筒灯。使用【目标灯光】在浴室的筒灯处创建3盏灯光，位置如图9-117所示，具体参数设置如图9-118所示。

设置步骤

① 设置【阴影】类型为【VRay阴影】，设置【灯光分布（类型）】为【光度学Web】，在【分布（光度学Web）】中加载一个【0.ies】灯光文件。

② 设置【过滤颜色】为（红：247，绿：251，蓝：255），设置【强度】为6 000。

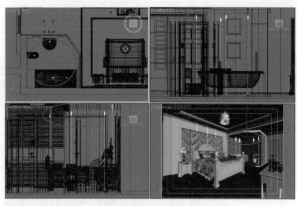

图9-117　　　　　　　　　　　　　　　　图9-118

06 按F9键渲染摄影机视图，效果如图9-119所示，此时浴室被照亮。

07 制作过道筒灯。创建浴室筒灯。使用【目标灯光】在浴室的筒灯处创建3盏灯光，位置如图9-120所示，具体参数设置如图9-121所示。

设置步骤

① 设置【阴影】类型为【VRay阴影】，设置【灯光分布（类型）】为【光度学Web】，在【分布（光度学Web）】中加载一个【0.ies】灯光文件。

② 设置【过滤颜色】为（红：250，绿：212，蓝：153），设置【强度】为6 000。

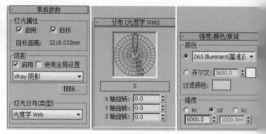

图9-119

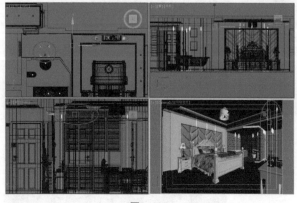

图9-120　　　　　　　　　　　　　　　　图9-121

08 按F9键渲染摄影机视图，效果如图9-122所示，此时过道被照亮。

09 创建吊顶灯带。使用【VRay灯光】在吊顶中创建4盏【平面】光，光照方向为倾斜向上，灯光位置如图9-123所示，具体参数设置如9-124所示。

设置步骤

① 设置【类型】为【平面】，设置【倍增器】为5。

② 设置【颜色】为黄色（红：250，绿：213，蓝：148），设置【1/2长】为22mm、【1/2宽】为1 300mm，勾选【不可见】选项。

图9-122

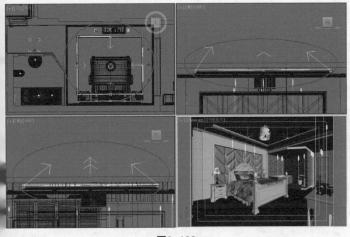

图9-123

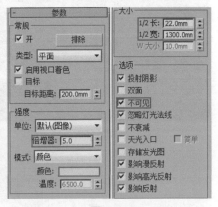

图9-124

10 按F9键渲染摄影机视图，效果如图9-125所示，吊顶处被照亮。

11 制作床头灯带。使用【VRay灯光】在吊顶中创建4盏【平面】光，光照方向为倾斜向上，灯光位置如图9-126所示，具体参数设置如9-127所示。

设置步骤

① 设置【类型】为【平面】，设置【倍增器】为2。

② 设置【颜色】为黄色（红：250，绿：213，蓝：148），设置【1/2长】为35mm、【1/2宽】为1 230mm，勾选【不可见】选项。

图9-125

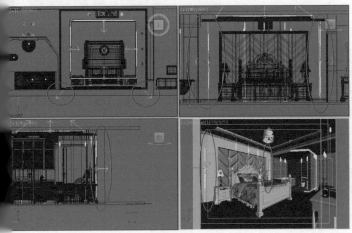

图9-126

图9-127

12 按F9键渲染摄影机视图，效果如图9-128所示，此时床头灯带有照明效果。到此，室内灯光就创建完毕，但整体场景偏暗，且室外（窗户外）一片漆黑。

13 按8键打开【环境和效果】卷展栏，在【环境贴图】通道中加载一张【VRay天空】贴图，如图9-129所示，按M键打开【材质编辑器】对话框，将【环境贴图】中的【VRay天空】拖曳到一个空白材质球上，选择【实例】，如图9-130所示。设置【太阳强度倍增】为0.3、【太阳过滤颜色】为白色，如图9-131所示。

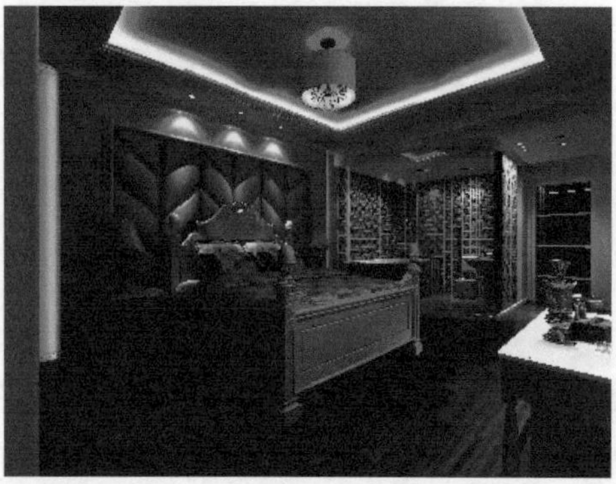

图9-128

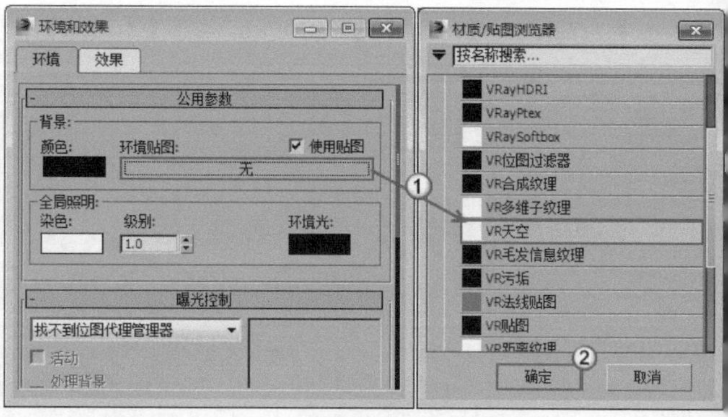

图9-129

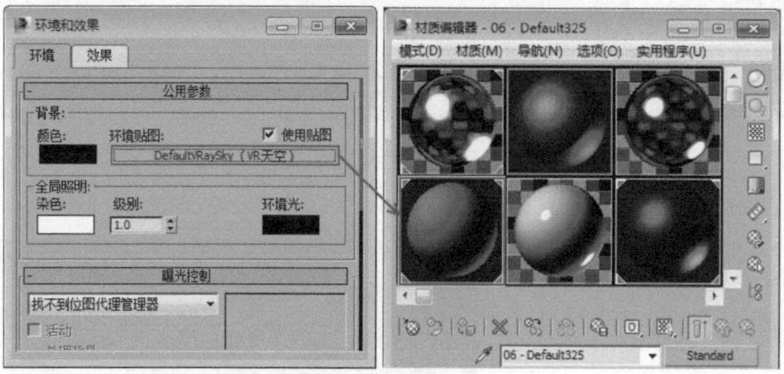

图9-130

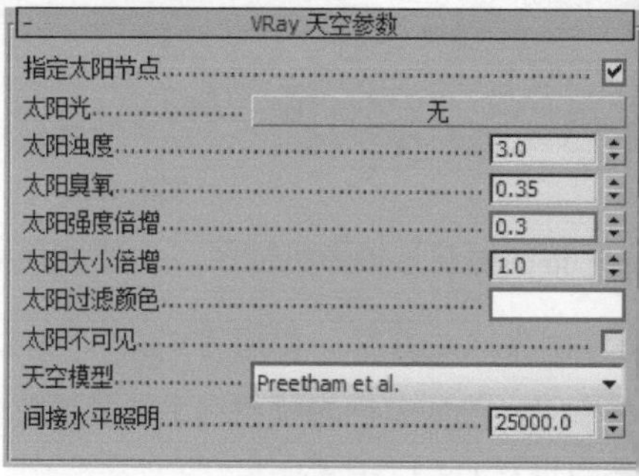

图9-131

14 按F9键渲染摄影机视图，如图9-132所示，此时场景变亮了不少，至此，灯光的布置就完成了。

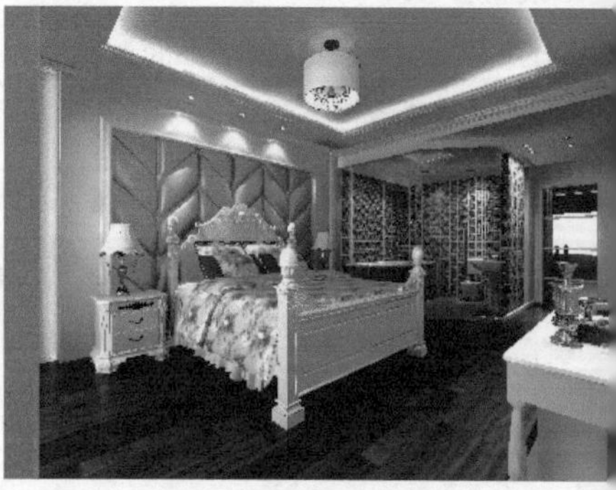

图9-132

渲染效果

下面设置最终渲染参数。

01 按F10键打开【渲染设置】对话框，设置【输出大小】为1500×1125，如图9-133所示。

02 切换到VRay卷展栏，打开【图像采样器（反锯齿）】卷展栏，设置【类型】为【自适应确定性蒙特卡洛】，选择【抗锯齿过滤器】为【Mitchell-Netravali】，如图9-134所示。

03 打开【颜色贴图】卷展栏，勾选【子像素贴图】和【钳制输出】选项，如图9-135所示。

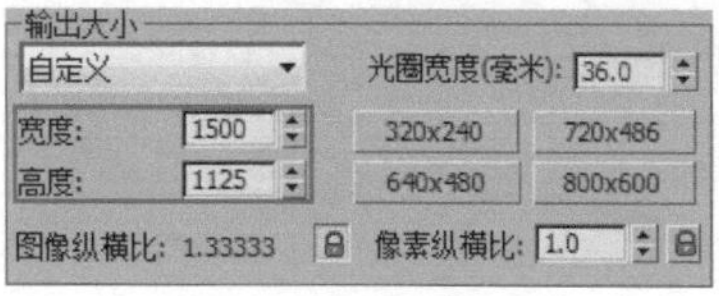

图9-133

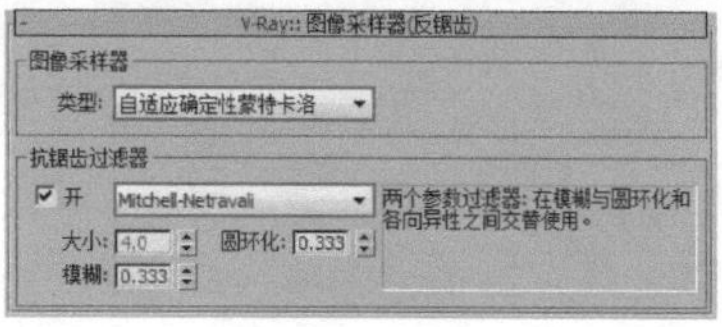

图9-134

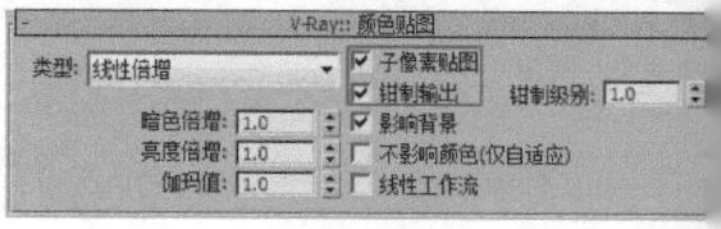

图9-135

技巧与提示

从测试效果可以看出，并没有曝光过度和不足的地方，所以不用去调节【暗色倍增】和【亮度倍增】。

04 切换到【间接照明】选项卡，打开【发光图】卷展栏，设置【当前预置】为【中】，设置【半球细分】为50、【插值采样】为30，如图9-136所示。

05 打开【灯光缓存】卷展栏，设置【细分】为1 200，如图9-137所示。

06 切换到【设置】选项卡，设置【适应数量】为0.72、【噪波阈值】为0.005、【最小采样值】为20，如图9-138所示。

图9-136

图9-137

图9-138

07 按F9键渲染摄影机视图，经过长时间的渲染，欧式风格的卧室效果如图9-139所示。

技巧与提示

与上一个案例相比，最终渲染参数的设置都是大同小异的。

图9-139

【案例总结】

本例是一个欧式风格的卧室，在表现欧式风格时，通常会使用大量灯光来营造出丰富的灯光效果，如灯带、筒灯、壁灯、台灯以及灯箱等，这些灯光的颜色通常是黄色，因为暖色调更能体现奢华的氛围。相对于中式风格，欧式风格的材质颜色更鲜艳，灯光颜色更丰富，家具形态偏向于流线型，且细节更丰富。

拓展练习

场景位置	练习 > 场景文件 >CH09> 练习 70.max
实例位置	练习 > 实例文件 >CH09> 练习 70.max
视频文件	多媒体教学 >CH09> 练习 70.mp4

扫码观看视频

这是一个简欧风格的卧室，即便是简欧，整个空间氛围也有一种奢华感，在表现时，色调不会太黄，通常是偏白或淡黄色。

199

案例 71
现代风格客厅表现

场景位置	案例 > 场景文件 >CH09> 案例 71.max
实例位置	案例 > 实例文件 >CH09> 案例 71.max
视频文件	多媒体教学 >CH09> 案例 71.mp4
技术掌握	现代风格的特点、VRay 太阳的使用方法、曝光的控制

扫码观看视频

【制作分析】

现代风格是现在装饰行业非常流行的一种装修风格，因为它简单实用、布局清晰，无多余的装饰，符合目前大众的生活态度。现代风格的家具通常比较简单，选材也是常见的钢、玻璃、简单皮革等，在灯光使用上，现在风格的灯光颜色偏淡，多以太阳光为主体光源。

最终效果图

【制作步骤】

打开光盘文件中的"案例>场景文件>CH09>案例71.max"文件，如图9-140所示。

制作材质

下面介绍主要材质的制作方法，材质分布如图9-141所示。

图9-140

图9-141

01 制作墙面乳胶漆材质。新建一个VRayMtl材质球，在【漫反射】贴图通道中加载一张乳胶漆贴图，如图9-142所示，材质球效果如图9-143所示。

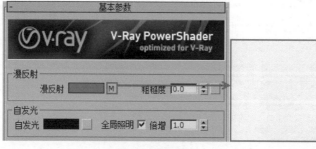

图9-142

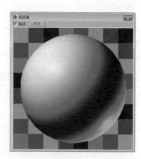

图9-143

02 制作镜面不锈钢材质。新建一个VRayMtl材质球，具体参数设置如图9-144所示，材质球效果如图9-145所示。

设置步骤

① 设置【漫反射】的颜色为（红：54，绿：57，蓝：60）。

② 设置【反射】颜色为（红：201，绿：203，蓝：203），设置【高光光泽度】为0.9，勾选【菲涅耳反射】选项。

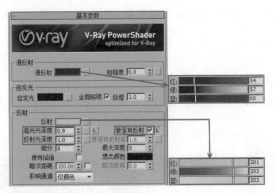

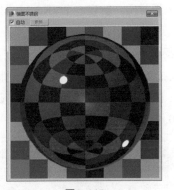

图9-144　　　　　　　　　　　　　　　　　　图9-145

03 制作沙发布材质。新建一个VRayMtl材质球，具体参数设置如图9-146所示，材质球效果如图9-147
所示。

设置步骤

① 打开【贴图】卷展栏，在【漫反射】贴图通道中加载一张布纹贴图。

② 在【凹凸】贴图通道中加载一张布纹的灰度图，模拟凹凸效果，设置【凹凸】的强度为60。

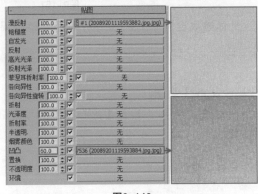

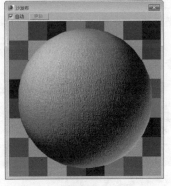

图9-146　　　　　　　　　　　　　　　　　　图9-147

04 制作烤漆布纹材质。新建一个VRayMtl材质球，具体参数设置如图9-148所示，材质球效果如图9-149
所示。

设置步骤

① 在【漫反射】贴图通道中加载一张木纹贴图，模拟木纹效果。

② 在【反射】贴图通道中加载一张【衰减】程序贴图，设置【衰减类型】为Fresnel，设置【高光光
泽度】为0.85、【反射光泽度】为0.95、【细分】为12。

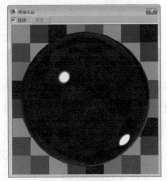

图9-148　　　　　　　　　　　　　　　　　　图9-149

05 制作地板材质。新建一个VRayMtl材质球，具体参数设置如图9-150所示，材质球效果如图9-151所示。

设置步骤

① 在【漫反射】贴图通道中加载一张【地板.jpg】贴图。

② 在【反射】贴图通道中加载一张【衰减】程序贴图，设置【衰减类型】为Fresnel，设置【高光光泽度】为0.88、【反射光泽度】为0.92。

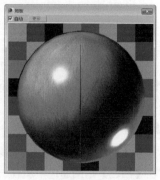

图9-150　　　　　　　　　　　　　　　　　　　图9-151

06 制作皮材质。新建一个VRayMtl材质球，具体参数设置如图9-152所示，材质球效果如图9-153所示。

设置步骤

① 在【漫反射】贴图通道中加载一张【皮革沙发.jpg】贴图。

② 设置【反射】的颜色为（红：160，绿：160，蓝：160），设置【高光光泽度】为0.6、【反射光泽度】为0.88、【细分】为12。

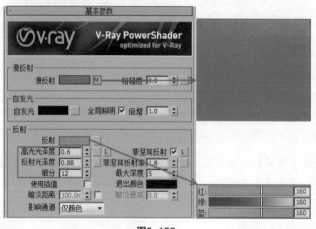

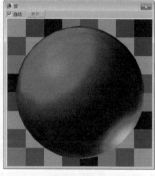

图9-152　　　　　　　　　　　　　　　　　　　图9-153

布置灯光

本场景以太阳光为主光，以室内筒灯光、柜内平面光为修饰灯光，下面介绍具体布置情况。

01 使用【VRay太阳】在场景中创建一盏灯光，位置如图9-154所示，具体参数设置如图9-155所示。

设置步骤

① 设置【强度倍增】为0.02，设置【大小倍增】为3。

② 设置【过滤颜色】为白色（红：255，绿：255，蓝：255）。

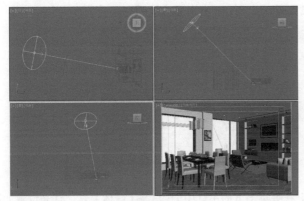

图9-154   图9-155

技巧与提示

在创建【VRay太阳】时，要使用【VRay天空】，关于【VRay天空】的关联方法，请参考【第8章】中的【案例63】。【VRay天空】的贴图效果如图9-156所示，参数如图9-157所示。

图9-156   图9-157

02 按F9键渲染摄影机视图，效果如图9-158所示，此时太阳光照亮了场景，但室内偏暗。

03 使用【目标灯光】在场景中的创建13盏灯光，灯光位置如图9-159所示，具体参数设置如图9-160所示。

设置步骤

① 设置【阴影】的类型为【VRay阴影】，设置【灯光分布（类型）】为【光度学Web】。

图9-158

② 在【分布（光度学Web）】的灯光通道中加载一个5.ies灯光文件，设置【过滤颜色】为淡黄色（红：255，绿：235，蓝：213），设置【强度】为7 000。

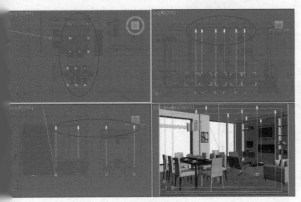
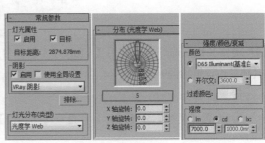

图9-159   图9-160

203

04 按F9键渲染摄影机视图，效果如图9-161所示，此时室内被照亮。

图9-161

05 制作吊灯。使用【VRay灯光】在餐桌上方的吊灯中创建3盏【球体】灯，灯光位置如图9-162所示，具体参数设置如图9-163所示。

设置步骤

① 设置【类型】为【球体】，设置【倍增器】为20。

② 设置【颜色】为淡黄色（红：255，绿：230，蓝：190），设置【半径】为35mm，取消勾选【影响高光反射】和【影响反射】选项。

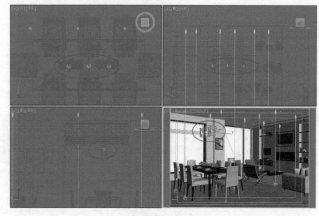

图9-162

图9-163

06 按F9键渲染摄影机视图，效果如图9-164所示，此时吊灯有照射效果。

图9-164

07 制作其他修饰灯光。使用【VRay灯光】在台灯中创建一盏【球体】灯，灯光位置如图9-165所示，具体参数设置如图9-166所示。

设置步骤

① 设置【类型】为【球体】，设置【倍增器】为60。

② 设置【颜色】为（红：255，绿：212，蓝：163），设置【半径】为40mm，勾选【不可见】选项，取消勾选【影响高光反射】和【影响反射】选项。

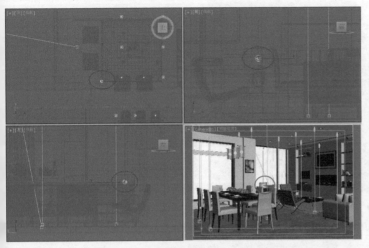

图9-165　　　　　　　　　　　　　　　　图9-166

08 使用【VRay灯光】在储物架顶部创建6盏【平面】光，灯光位置如图9-167所示，具体参数设置如图9-168所示。

① 设置【类型】为【平面】，设置【倍增器】为18。

② 设置【颜色】为（红：255，绿：237，蓝：203），设置【1/2长】为40mm、【1/2宽】为40mm，勾选【不可见】选项，取消勾选【影响高光反射】和【影响反射】选项。

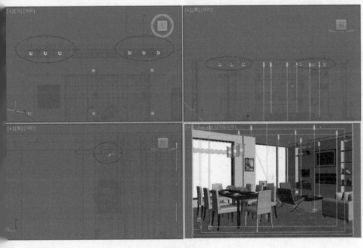

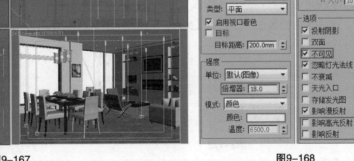

图9-167　　　　　　　　　　　　　　　　图9-168

09 使用【VRay灯光】在炉火中创建一盏【平面】光，方向向上，灯光位置如图9-169所示，具体参数设置如图9-170所示。

设置步骤

① 设置【类型】为【平面】，设置【倍增器】为25。

② 设置【颜色】为（红：255，绿：127，蓝：50），设置【1/2长】为455mm、【1/2宽】为48mm，勾选【不可见】选项，取消勾选【影响高光反射】和【影响反射】选项。

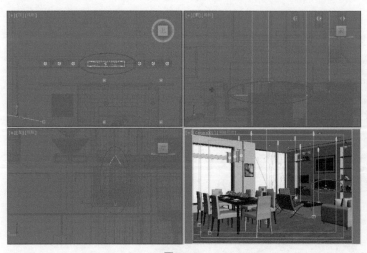

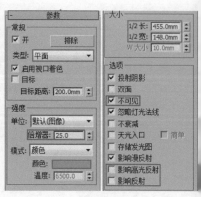

图9-169 图9-170

10 按F9键渲染摄影机视图，效果如图9-171所示，此时场景中存在曝光问题，将在渲染参数中进行处理。

图9-171

渲染效果

在前面的操作中，灯光、材质和环境都设置完成了，接下来将设置最终渲染参数。

01 按F10键打开【渲染设置】对话框，设置【输出大小】为1 600×1 120，如图9-172所示。

02 切换到VRay卷展栏，打开【图像采样器（反锯齿）】卷展栏，设置【类型】为【自适应确定性蒙特卡洛】，选择【抗锯齿过滤器】为【Mitchell-Netravali】，如图9-173所示。

图9-172 图9-173

03 打开【颜色贴图】卷展栏，设置【暗色倍增】为1.2、【亮度倍增】为0.8，提高场景中暗区域的亮度，降低亮区域的亮度，勾选【子像素贴图】和【钳制输出】选项，如图9-174所示。

04 切换到【间接照明】选项卡，打开【发光图】卷展栏，设置【当前预置】为【中】，设置【半球细分】为50、【插值采样】为30，如图9-175所示。

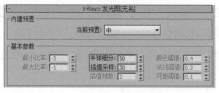

图9-174 图9-175

05 打开【灯光缓存】卷展栏，设置【细分】为1 200，如图9-176所示。

06 切换到【设置】选项卡，设置【适应数量】为0.72、【噪波阈值】为0.005、【最小采样值】为20，如图9-117所示。

图9-176   图9-177

07 按F9键渲染摄影机视图，经过长时间的渲染，现代风格的客厅效果如图9-178所示。

图9-178

【案例总结】

现代风格追求的是实用性，而不是氛围、光感，可以说，现代风格比较符合人们对室内环境的刚性需求。在制作上，现代风格相对于中式和欧式来说，都要简单很多，鉴于其追求的是实用性，所以在材质选择、灯光效果表现上，都比较自由。

拓展练习	场景位置	练习 > 场景文件 >CH09> 练习 71.max
	实例位置	练习 > 实例文件 >CH09> 练习 71.max
	视频文件	多媒体教学 >CH09> 练习 71.mp4

扫码观看视频

这是一个现代风格的卧室场景，整个场景布置比较简单，材质以布料、不锈钢、木板和玻璃为主，灯光以太阳光为主光。

案例 *72*
工装办公室效果表现

场景位置	案例 > 场景文件 >CH09> 案例 72.max
实例位置	案例 > 实例文件 >CH09> 案例 72.max
视频文件	多媒体教学 >CH09> 案例 72.mp4
技术掌握	现代风格的特点、VRay 太阳、曝光的控制方法

扫码观看视频

【制作分析】

　　工装空间的类型有很多，不同空间的材质和布光也有所差异。例如，办公空间和 KTV 空间的色彩感觉、灯光气氛就明显不同，这就需要大家平时多观察各类空间的特性，在生活中去积累经验。对于办公、会议、购物等空间，通常要求干净、明亮、稳重的感觉；而对于 KTV、会所、酒店大堂等空间，则要求时尚、奢华的感觉。本例的场景是一个老总办公室，设计风格极为简洁，大量木材质的运用使空间显得朴素严谨，所以在表现上采用了柔和日光效果，使画面显得干净、肃静。

最终效果图

【制作步骤】

　　制作材质

　　为了便于讲解，这里给最终效果图上的材质编号，根据图上的标识号来对材质一一设定，如图9-179所示。

01 制作地板材质。新建一个 VRayMtl 材质球，其参数设置如图9-180所示，材质球效果如图9-181所示。

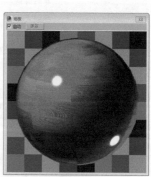

图9-179

设置步骤

　① 在【漫反射】的贴图通道中加载一张地板的木纹贴图。

　② 在【反射】贴图通道中加载一张【衰减】程序贴图，然后设置【衰减类型】为 Fresnel。

　③ 设置【高光光泽度】为0.85、【反射光泽度】为0.9。

图9-180

图9-181

02 制作大理石材质。新建一个 VRayMtl 材质球，参数设置如图9-182所示，材质球效果如图9-183所示。

　　设置步骤

　① 在【漫反射】通道中添加一张大理石贴图。

　② 在【反射】贴图通道中加载一张【衰减】程序贴图，设置【衰减类型】为 Fresnel，接着设置【高光光泽度】为0.85、【反射光泽度】为0.9。

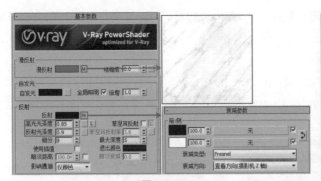

图9-182　　　　　　　　　　　　　　　　　　　图9-183

03 制作木纹材质。在【材质编辑器中】新建一个VRayMtl材质球，其参数设置如图9-184所示，材质球效果如图9-185所示。

设置步骤

① 在【漫反射】的贴图通道中加载一张木纹贴图。

② 在【反射】贴图通道中加载一张【衰减】程序贴图，然后设置【侧】通道的颜色为（红：50，绿：50，蓝：50），再设置【衰减类型】为Fresnel。

③ 设置【高光光泽度】为0.85、【反射光泽度】为0.9、【细分】为12。

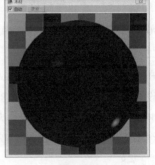

图9-184　　　　　　　　　　　　　　　　　　　图9-185

04 制作皮材质。新建一个VRayMtl材质球，展开【基本参数】卷展栏，其参数设置如图9-186所示，材质球效果如图9-187所示。

设置步骤

① 设置【漫反射】的颜色为（红：8，绿：6，蓝：5）。

② 设置【反射】的颜色为（红：35，绿：35，蓝：35），设置【高光光泽度】为0.6、【反射光泽度】为0.7、【细分】为15。

③ 打开【贴图】卷展栏，在【凹凸】的贴图通道中加载一张模拟皮材质凹凸效果的位图，设置【凹凸】的强度为15。

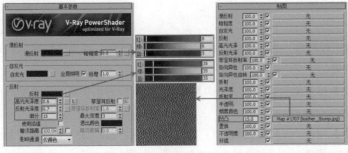
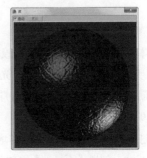

图9-186　　　　　　　　　　　　　　　　　　　图9-187

05 制作不锈钢材质。在【材质编辑器中】新建一个VRayMtl材质球，其参数设置如图9-188所示，材质球效果如图9-189所示。

设置步骤

① 设置【漫反射】颜色为（红：0，绿：0，蓝：0）。

② 设置【反射】颜色为（红：190，绿：190，蓝：190），设置【高光光泽度】为0.87、【反射光泽度】为0.9、【细分】为15。

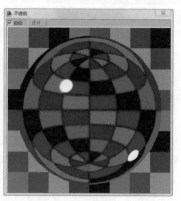

图9-188　　　　　　　　　　　　　图9-189

06 制作塑料材质，在材质编辑器中新建一个VRayMtl材质球，展开【基本参数】卷展栏，其参数设置如图9-190所示，材质球效果如图9-191所示。

设置步骤

① 在【漫反射】贴图通道中加载一张模拟塑料的位图。

② 设置【反射】颜色为（红：8，绿：8，蓝：8），然后设置【高光光泽度】为0.8、【反射光泽的】为0.85，最后设置【最大深度】为3。

③ 打开【贴图】卷展栏，将【漫反射】贴图通道中的贴图拖曳复制到【凹凸】贴图中，再设置【凹凸】的强度为8 。

图9-190　　　　　　　　　　　　　　　　　　图9-191

布置灯光

本场景的空间面积不大，设计比较精致，为了表达一种清爽、高贵的气氛，这里采用纯自然光来进行照明，营造出一种柔和的日光效果。

01 创建室外光。使用【VRay灯光】窗户处创建一盏【平面】灯光，用来作为本场景的天光照明，位置如图9-192和图9-193所示。

02 选中创建的灯光，设置【倍增器】为12，设置颜色为（红：135，绿：191，蓝：255），调整【大小】为合适尺寸，勾选【不可见】选项并同时取消勾选【忽略灯光法线】选项，如图9-194所示。

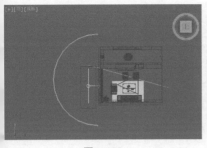
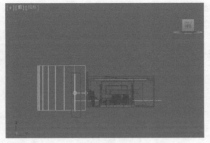

图9-192 图9-193 图9-194

03 按F9键对场景进行一次测试渲染，测试结果如图9-195所示。

04 模拟室内灯。在场景中创建一盏【目标灯光】，以【实例】的方式复制6盏，再将其分别平移到每个灯筒处，灯光在场景中的位置如图9-196和图9-197所示。

05 选择其中一盏【球体】灯光并对其进行设置，其参数设置如图9-198所示。

设置步骤

① 启用【阴影】选项，设置阴影类型为【VRay阴影】，设置【灯光分布（类型）】为【光度学Web】。

② 在【分布（光度学Web）】卷展栏中加载一个【鱼尾巴.ies】灯筒文件。

③ 在【强度/颜色/衰减】卷展栏中设置【强度】为2 000。

图9-195

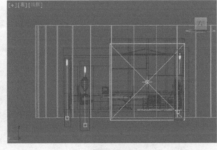

图9-196 图9-197 图9-198

06 按F9键对场景进行测试渲染，渲染结果如图9-199所示，场景中的筒灯使灯效有了一定的层次感。

07 创建室内补光。在场景中天花板的灯处创建一盏VRay的【平面】灯，灯光在场景中的位置如图9-200和图9-201所示。

08 选中上一步创建的灯光，设置【倍增】为5，然后设置灯光的【颜色】为（红：175，绿：213，蓝：255），在场景中根据天花灯模型的大小调整灯光的大小，最后勾选【不可见】选项并取消勾选【忽略灯光法线】选项，如图9-202所示。

图9-199

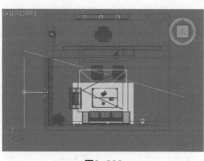 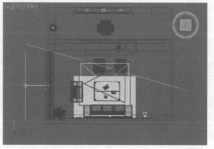 

图9-200 图9-201 图9-202

09 在场景中的灯带处创建一盏VRay的【平面】灯，灯光在场景中的位置如图9-203和图9-204所示。

10 选中上一步创建的灯光，设置【倍增】为13，设置【颜色】为（红：255，绿：201，蓝：125），调整灯光的大小，勾选【不可见】选项并取消勾选【忽略灯光法线】选项，如图9-205所示。

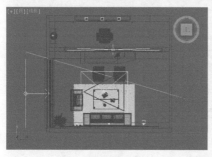 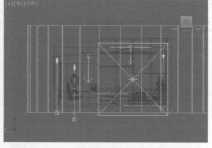 

图9-203 图9-204 图9-205

11 设置完所有室内灯光后，按F9键对场景进行测试渲染，效果如图9-206所示，

图9-206

12 模拟太阳光。在场景中创建一盏【目标平行光】，将其放到合适的位置模拟本场景的阳光，具体位置如图9-207和图9-208所示。

 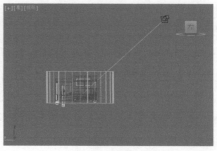

图9-207 图9-208

13 选择上一步创建的灯光，其参数设置如图9-209所示。

设置步骤

① 展开【常规参数】卷展栏，启用【阴影】选项，设置阴影类型为【VRay阴影】。

② 展开【强度/颜色/衰减】卷展栏，设置【倍增】为1.5，设置颜色为（红：255，绿：234，蓝：205）。

③ 展开【平行光参数】卷展栏，设置【聚光区/光束】为7 000mm、【衰减区/区域】为8 000，选择【矩形】选项，设置【纵横比】为1.0。

④ 展开【VRay阴影参数】卷展栏，勾选【区域阴影】选项，设置类型为【长方体】，设置【U大小】为1 000mm、【V大小】为500mm、【W大小】为500mm。

14 按F9键对场景进行测试渲染，渲染结果如图9-210所示，此时的效果相对于前面变化并不大，我们可以通过后期处理来完成色调的优化。

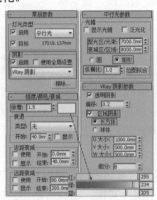

技巧与提示

这里同样可以使用【VRay太阳】来模拟。

图9-209   图9-210

渲染效果

灯光布置完成后，接下来就是设置合理的渲染参数，以渲染出真实、细腻的效果图。

01 按F10键打开【渲染设置】对话框，在【公用】选项卡中设置【输出大小】的【宽度】为1 000、【高度】为625，如图9-211所示。

02 切换到V-Ray选项卡，打开【全局开关】卷展栏，设置【默认灯光】为关，勾选【光泽效果】选项，设置【二次光线偏移】为0.001，如图9-212所示。

03 打开【图像采样器（反锯齿）】卷展栏，设置【图像采样器】的【类型】为【自适应确定性蒙特卡洛】，打开【抗锯齿过滤器】开关，设置采样器类型为【Mitchell-Netravali】，如图9-213所示。

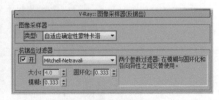

图9-211   图9-212   图9-213

04 打开【自适应DMC图像采样器】卷展栏，设置【最小细分】为1、【最大细分】为4，如图9-214所示。

05 切换到【间接照明】选项卡，在【间接照明（GI）】卷展栏中设置【首次反弹】的【全局照明引擎】为【发光图】，设置【二次反弹】的【全局照明引擎】为【灯光缓存】，如图9-215所示。

06 打开【发光图】卷展栏,设置【当前预置】为【中】,再设置【半球细分】为50,勾选【显示计算相位】选项,如图9-216所示。

图9-214　　　　　　　图9-215　　　　　　　图9-216

07 打开【灯光缓存】卷展栏,设置【细分】为1 200,设置【预滤器】数值为100,勾选【存储直接光】和【显示计算相位】选项,如图9-217所示。

08 切换至【设置】选项卡,在【DMC采样器】卷展栏中设置【适应数量】为0.8、【最小采样值】为16、【噪波阈值】为0.005,如图9-218所示。

09 其他参数保持默认设置即可,然后开始渲染出图,最后得到的成图效果如图9-219所示。

图9-217　　　　　　　图9-218　　　　　　　图9-219

【案例总结】

本例介绍了办公空间的表现手法,通常在面对这类场景的时候,首先要考虑如何在空旷、简单的场景环境中合理地表现光效,让场景不显得空洞,其次,在材质贴图的选取上,尽量使用朴素的材质贴图,以突出其严谨、朴实的氛围。

拓展练习

场景位置	练习 > 场景文件 >CH09> 练习 72.max
实例位置	练习 > 实例文件 >CH09> 练习 72.max
视频文件	多媒体教学 >CH09> 练习 72.mp4

扫码观看视频

本场景是一个接待室,这类工装环境与前面介绍的办公室类似。这种环境的空间很大,但却不空旷,简单却又透着一丝热情,富贵但拥有一份端庄。整个场景的布局显示出场景的大气,沙发的摆设显示出接待室的气派,墙上的挂画却又透出一种书香文雅,虽然是以窗户采光作为照明光,但通过室内装饰灯的点缀,显示出一种热情大方的氛围。

第 10 章

后期处理技法

在效果图的制作流程中，虽然 VRay 已经可以渲染出极为真实的效果，但是依然无法做到尽善尽美，例如，渲染出来的画面偏暗、偏灰、有噪点或者层次感不够等，这些问题都可以通过简单的后期调整来解决。后期处理就是对渲染效果图的再加工，通过前面的案例我们可以发现，虽然渲染效果很好、很真实，但是在色彩、亮度、清晰度上还是有瑕疵，当然这些可以在渲染参数中进行高质量的设置，但是会使渲染速度缓慢，所以在制作效果图的时候，通常采用后期处理来提高图像的质量。本章将介绍如何使用 Photoshop 对效果图进行后期处理。

知识技法掌握

掌握 Photoshop CS6 的基本功能
掌握【曲线】、【色阶】、【滤镜】、【锐化】等常用工具的使用方法
掌握提高图像亮度的方法
掌握统一色调的方法
掌握调整图像清晰度的方法
掌握添加光效、外景的方法
掌握效果图的后期处理方法

案例 73
认识 Photoshop

场景位置	无
实例位置	无
视频文件	多媒体教学 >CH10> 案例 73.mp4
技术掌握	Photoshop CS6

启动Photoshop CS6，工作界面如图10-1所示。

图10-1

下面对Photoshop的工作界面进行简单讲解。

菜单栏：Photoshop CS6的菜单栏中包含11组主菜单，分别是文件、编辑、图像、图层、类型、选择、滤镜、3D、视图、窗口和帮助，如图10-2所示。单击相应的主菜单，即可打开该菜单下的命令，如图10-3所示。

文件(F) 编辑(E) 图像(I) 图层(L) 类型(Y) 选择(S) 滤镜(T) 3D(D) 视图(V) 窗口(W) 帮助(H)

图10-2

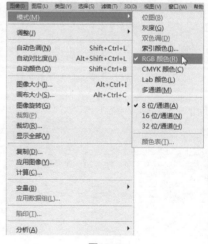

图10-3

标题栏：打开一个文件，Photoshop会自动创建一个标题栏。在标题栏中会显示这个文件的名称、格式、窗口缩放比例以及颜色模式等信息，如图10-4所示。

图10-4

文档窗口：显示打开图像的地方。如果只打开了一张图像，则只有一个文档窗口，如图10-5所示；如果打开了多张图像，则文档窗口会按选项卡的方式进行显示，如图10-6所示。单击一个文档窗口的标题栏即可将其设置为当前工作窗口。

图10-5

图10-6

技巧与提示

在默认情况下，打开的所有的文件都会以停放为选项卡的方式紧挨在一起。按住鼠标左键拖曳文档窗口的标题栏，可以将其设置为浮动窗口，如图10-7所示；按住鼠标左键将浮动文档窗口的标题栏拖曳到选项卡中，文档窗口会停放到选项卡中，如图10-8所示。

图10-7

图10-8

　　工具箱：【工具箱】中集合了Photoshop CS6的大部分工具，这些工具共分为8组，分别是选择工具、裁剪与切片工具、吸管与测量工具、修饰工具、路径与矢量工具、文字工具和导航工具，外加一组设置前景色和背景色的图标与切换模式图标，另外还有一个特殊工具【以快速蒙版模式编辑】，如图10-9所示。使用鼠标左键单击一个工具，即可选择该工具。如果工具的右下角带有三角形图标，表示这是一个工具组。在工具上单击鼠标右键即可弹出隐藏的工具，图10-10所示是【工具箱】中的所有隐藏的工具。

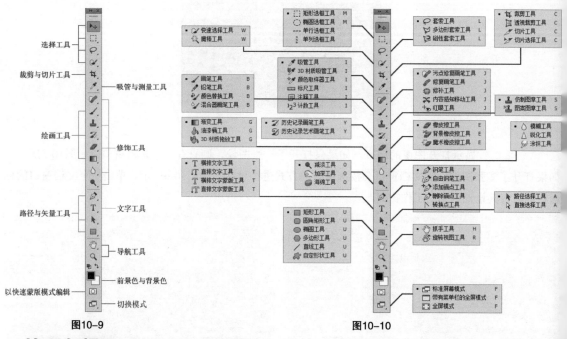

图10-9　　　　　　　　　　　　　　　　　　图10-10

技巧与提示

　　【工具箱】可以折叠起来，单击【工具箱】顶部的折叠图标，可以将其折叠为双栏，如图10-11所示，同时折叠图标会变成展开图标，再次单击，可以将其还原为单栏。另外，可以将【工具箱】设置为浮动状态，方法是将光标放置在图标上，使用鼠标左键进行拖曳（将【工具箱】拖曳到原处，可以将其还原为停靠状态）。

图10-11

　　选项栏：主要用来设置工具的参数选项，不同工具的选项栏也不同。例如，当选择【移动工具】时，其选项栏会显示如图10-12所示的内容。

图10-12

　　状态栏：位于工作界面的最底部，显示当前文档的大小、文档尺寸、当前工具和窗口缩放比例等信

218

息，单击状态栏中的三角形▶图标，可设置要显示的内容，如图10-13所示。

面板：Photoshop CS6一共有26个面板，这些面板主要用来配合图像的编辑、对操作进行控制以及设置参数等。执行【窗口】菜单下的命令可以打开面板，如图10-14所示。例如，执行【窗口>色板】菜单命令，使【色板】命令处于勾选状态，那么就可以在工作界面中显示出【色板】面板。

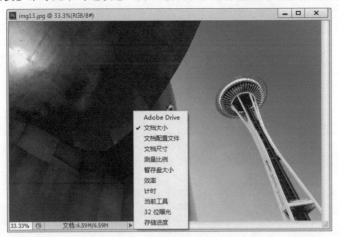

图10-13   图10-14

扫码观看视频

案例 74 调整效果图亮度		
场景位置	案例 > 场景文件 >CH10> 案例 74.png	
实例位置	案例 > 实例文件 >CH10> 案例 74.png	
视频文件	多媒体教学 >CH10> 案例 74.mp4	
技术掌握	【曲线】工具、【亮度 / 对比度】工具	

【制作分析】

3ds Max渲染出来的效果图通常会偏暗或偏灰。在Photoshop CS6中，调整图像亮度的方法有两种，一种是通过【曲线】，另一种是通过添加【亮度/对比度】修改图层来完成。本案例将用【曲线】命令来调整效果图的整体亮度。

【重点工具】

前面提到的【曲线】通常是指【RGB曲线】，快捷键为Ctrl+M，也可通过添加【曲线】调整图层来创建一个调整图层，如图10-15所示。

图10-15

　　按快捷键Ctrl+M后，会弹出【曲线】对话框，如图10-16所示。通常在后期处理中，只是调整曲线的形状。

　　另外，【亮度/对比度】也可用来调整图像的亮度，与【曲线】相同，其打开方式也有两种，一种是执行【图像】>【调整】>【亮度】>【对比度】菜单命令，另一种就是添加【亮度/对比度】调整图层。无论是哪一种，都会弹出【亮度/对比度】对话框，如图10-17所示。

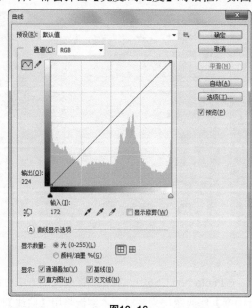

图10-16

图10-17

重要参数介绍

　　亮度：指画面的明亮程度。

　　对比度：画面黑与白的比值，也就是从黑到白的渐变层次。比值越大，从黑到白的渐变层次就越多，从而色彩表现越丰富。

中文版 3ds Max/VRay 效果图制作案例教程（微课版）

【制作步骤】

01 启动Photoshop CS6，打开光盘文件中的"场景文件>CH10>案例74.png"文件，如图10-18所示，画面整体偏暗。

图10-18

技巧与提示

在Photoshop中打开图像的方法主要有以下3种。

第1种：按快捷键Ctrl+O。

第2种：执行【文件】>【打开】菜单命令。

第3种：直接将文件拖曳到操作界面中。

02 在【图层】面板中选择【背景】图层，然后按快捷键Ctrl+J将该图层复制一层，得到【图层1】，如图10-19所示。

技巧与提示

在实际工作中，为了节省操作时间，一般都使用快捷键来进行操作，复制图层的快捷键为Ctrl+J。

03 执行【图像】>【调整】>【曲线】菜单命令或按Ctrl+M快捷键打开【曲线】对话框，将曲线调整成弧形状，如图10-20所示，效果如图10-21所示。

图10-19

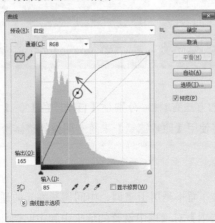

图10-20

图10-21

221

【案例总结】

当效果图整体亮度偏暗的时候，一般不建议添加灯光并进行重新渲染，因为这样会耗费大量的时间来重新设置灯光。所以，在这种时候，通常会在Photoshop中对图像进行简单的后期处理。

拓展练习	场景位置	练习 > 场景文件 >CH10> 练习 74.png
	实例位置	练习 > 实例文件 >CH10> 练习 74.png
	视频文件	多媒体教学 >CH10> 练习 74.mp4

扫码观看视频

这是一个调整效果图亮度的练习，在前面的案例中，已经介绍过使用【曲线】来调整图像的亮度，在本练习中，建议读者使用【亮度/对比度】来调整图像的亮度。

案例 75 统一效果图色彩	场景位置	案例 > 场景文件 >CH10> 案例 75.png
	实例位置	案例 > 实例文件 >CH10> 案例 75.png
	视频文件	多媒体教学 >CH10> 案例 75.mp4
	技术掌握	【自动颜色】、【色相/饱和度】、【照片滤镜】、【色彩平衡】

扫码观看视频

【制作分析】

在Photoshop CS6中，调整图像亮度的方法有4种，分别是【自动颜色】、【色相/饱和度】、【照片滤镜】、【色彩平衡】工具命令。本例将使用【照片滤镜】来统一图像的整体粉色调。

【重点工具】

① 自动颜色

【自动颜色】命令通过搜索实际图像（而不是用于暗调、中间调和高光的通道直方图）来调整图像的对比度和颜色。它根据在【自动校正选项】对话框中设置的值来中和中间调并剪切白色和黑色像素。通过执行【图像】>【自动颜色】菜单命令即可完成操作，如图10-22所示。

② **色相/饱和度**

【色相/饱和度】是一款快速调色及调整图片色彩浓淡及明暗的工具，功能非常强大。执行【图像】>【调整】>【色相/饱和度】菜单命令即可打开其对话框，如图10-23所示。

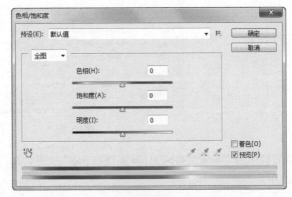

图10-22   图10-23

重要参数介绍

色相：用来改变图片的颜色，拖动按钮的时候颜色会按"红#黄#绿#青#蓝#洋红"的顺序改变，如选择【绿色】调节，增加数值就会向青—蓝—洋红依次调整，减少数值就会向黄#红#洋红依次调整，对多种颜色调节规律一样。

饱和度：用来控制图片色彩浓淡的强弱，饱和度越大色彩就会越浓，饱和度只能对有色彩的图片调节，灰色、黑白图片是不能调节的。

明度：相对来说比较好理解，就是图片的明暗程度，数值大就越亮，相反就越暗。

着色：勾选这个选项后，图片就会变成单色图片，我们也可以通过调整色相、饱和度、明度等做出单色图片。调色的时候，还可以用吸管吸取图片中任意的颜色进行调色。

③ **照片滤镜**

【照片滤镜】是一款调整图片色温的工具。它的工作原理就是在照相机的镜头前增加彩色滤镜，镜头会自动过滤掉某些暖色或冷色光，从而起到控制图片色温的效果，通过执行【图像】>【调整】>【照片滤镜】菜单命令打开对话框，如图10-24所示。

图10-24

重要参数介绍

滤镜：自带有各种颜色滤镜，选择不同的【滤镜】，可以使场景的色彩不同，通常配合【浓度】使用。

颜色：设置自定义颜色。

浓度：控制需要增加颜色的浓淡。

保留明度：是否保持高光部分，勾选后有利于保持图片的层次感。

④ 色彩平衡

【色彩平衡】是款非常实用及常用的调色工具，运用非常广泛，可以用来校色、润色、调和图片颜色、增加或减少图片饱和度等。执行【图像】>【调整】>【色彩平衡】菜单命令打开其对话框，如图10-25所示。

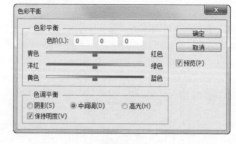

图10-25

【制作步骤】

01 打开下载资源中的"场景文件>CH10>案例75.png"文件，如图10-26所示。从图中可以观察到画面的色调不是很统一。

02 在【图层】面板下面单击【创建新的填充或调整图层】按钮 ，在弹出的菜单中选择【照片滤镜】命令，为【背景】图层添加一个【照片滤镜】调整图层，如图10-27所示。

图10-26

图10-27

03 在【属性】面板中勾选【颜色】选项，然后设置【颜色】为（R：248，G：120，B：198），设置【浓度】为50%，如图10-28所示，最终效果如图10-29所示。

图10-28

图10-29

中文版 3ds Max/VRay 效果图制作案例教程（微课版）

【案例总结】

　　本例使用【照片滤镜】来统一画面的整体色调。在效果图中，统一画面的色调是非常有必要的。色调的统一有助于体现效果图的和谐感，在进行操作前，必须明确效果图的整体色调和场景需要表达何种氛围，如本例，效果图中的大部分对象的颜色都偏粉红，且这是一个卧室场景，粉色更能体现出一种温馨的氛围，所以图像应统一为粉色调。

拓展练习	场景位置	练习 > 场景文件 >CH10> 练习 75.png
	实例位置	练习 > 实例文件 >CH10> 练习 75.png
	视频文件	多媒体教学 >CH10> 练习 75.mp4

扫码观看视频

　　这是一个使用【色相/饱和度】来调整效果图整体色彩的练习。这是一个客厅场景，需要突显出一种温馨和谐的氛围，所以整个画面应该偏暖，颜色应该饱和一些，所以，可以调整的【全图】模式下【饱和度】得到的效果。

案例 76
调整效果图层次感

场景位置	案例 > 场景文件 >CH10> 案例 76.png
实例位置	案例 > 实例文件 >CH10> 案例 76.png
视频文件	多媒体教学 >CH10> 案例 76.mp4
技术掌握	【色阶】工具、层次的定义

扫码观看视频

【制作分析】

　　通常情况下对层次感的调整，并不是因为原图像没有层次感，而是为了增强其层次感，如本例的原始图像，画面偏白，黑和灰不容易区分，所以其层次感不强。本例将使用【色阶】功能来调整图像的层次感。

225

【重点工具】

在后期处理中，常采用【色阶】来调整场景的明暗关系，以增强图像的层次感。色阶是表示图像亮度强弱的指数标准，图像的色彩丰满度和精细度是由【色阶】决定的。色阶指亮度，和颜色无关，但最"亮"的只有白色，最"不亮"的只有黑色。

执行【图像】>【调整】>【色阶】菜单命令，可以打开【色阶】对话框，如图10-30所示，主要通过设置文本框中的参数设置图像的亮度，【输入色阶】的文本框从左至右依次表示：【阴影】、【中间调】、【高光】；【输出色阶】的文本框从左至右为：黑色、白色。

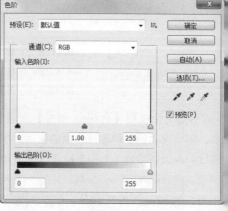

图10-30

【制作步骤】

01 打开光盘中的"案例>场景文件>CH10>案例76.png"文件，如图10-31所示，该场景偏白，层次感不是很强。

02 执行【图像】>【调整】>【色阶】菜单命令或按快捷键Ctrl+L，打开【色阶】对话框，然后设置【输入色阶】的【中间调】为0.7，如图10-32所示，调整后的效果如图10-33所示，此时图像的对比度增强了，层次感也增强了。

图10-31

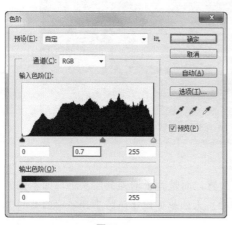

图10-32

图10-33

03 继续执行【图像】>【调整】>【色阶】菜单命令或按快捷键Ctrl+L，打开【色阶】对话框，设置【输入色阶】的【中间调】为0.77，设置【输出色阶】的【白色】为239，如图10-34所示，最终调整后的效果如图10-35所示。

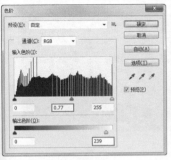

图10-34

图10-35

【案例总结】

所谓的层次感，其实就是如何在画面中安置黑、白、灰3种关系的位置，错落得越开层次感越强，空间感也就越强。如果只有单一的黑和灰，或者白和灰，就会缺少对比，导致画面泛灰，层次感泛糊，所以黑白灰在画面中是一定要共存的，缺一不可，区别只在于它们之间的对比，光影强对比就强，光影弱对比就弱。

拓展练习

场景位置	练习 > 场景文件 >CH10> 练习 76.png
实例位置	练习 > 实例文件 >CH10> 练习 76.png
视频文件	多媒体教学 >CH10> 练习 76.mp4

扫码观看视频

本例是一个调整层次感的练习，通过观察对象发现，整个画面黑色太多，白和灰相对比较少，对比不明显，所以可以考虑使用【曲线】来提升亮度，间接增加白、灰元素。

案例 77
调整效果图清晰度

场景位置	案例 > 场景文件 >CH10> 案例 77.png
实例位置	案例 > 实例文件 >CH10> 案例 77.pngx
视频文件	多媒体教学 >CH10> 案例 77.mp4
技术掌握	【USM 锐化】工具

扫码观看视频

【制作分析】

通常在处理清晰度的问题上，都是采用锐化滤镜，它可以增加图像素之间的对比度，使图像清晰化，本案例将使用【USM锐化】调整清晰度。

【重点工具】

执行【滤镜】>【锐化】>【USM锐化】命令，打开【USM锐化】对话框，如图10-36所示。

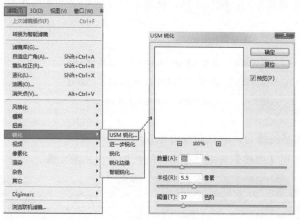

图10-36

重要参数介绍

数量：控制锐化效果的强度。

半径：用来决定作边沿强调的像素点的宽度。如果半径值为1，则从亮到暗的整个宽度是两个像素；如果半径值为2，则边沿两边各有两个像素点，那么从亮到暗的整个宽度是4个像素。半径越大，细节的差别也清晰，但同时会产生光晕。

阈值：决定多大反差的相邻像素边界可以被锐化处理，而低于此反差值就不做锐化。阈值的设置是避免因锐化处理而导致的斑点和麻点等问题的关键参数，正确设置后就可以使图像既保持平滑的自然色调（例如背景中纯蓝色的天空）的完美，又可以对变化细节的反差做出强调。

【制作步骤】

01 打开光盘中的"场景文件>CH10>素材09.png"文件，如图10-37所示。

02 执行【滤镜】>【锐化】>【USM锐化】菜单命令，在弹出的【USM锐化】对话框中设置【数量】为128%、【半径】为2.8像素，如图10-38所示，最终效果如图10-39所示。

图10-37

图10-38

图10-39

【案例总结】

图像的清晰度在VRay中是用抗锯齿功能来控制的，当然，不排除设置了高质量的参数，渲染的图不清晰，这时候就可以在后期调整，主要使用一些常用的锐化滤镜来进行，最常用的就是【USM锐化】滤镜。

拓展练习

场景位置	练习 > 场景文件 >CH10> 练习 77.png
实例位置	练习 > 实例文件 >CH10> 练习 77.png
视频文件	多媒体教学 >CH10> 练习 77.mp4

扫码观看视频

这是一个调整效果图清晰度的练习，读者可以参考案例中的方法，直接使用【USM锐化】来提高图像的清晰度。

案例 78
添加体积光

场景位置	案例 > 场景文件 >CH10> 案例 78.png
实例位置	案例 > 实例文件 >CH10> 案例 78.png
视频文件	多媒体教学 >CH10> 案例 78.mp4
技术掌握	【多边形套索工具】、图层混合模式、【柔光】模式

【制作分析】

体积光可以看作是一条半透明的白色色带，在制作时可以使用☑（多边形套索工具）选择需要制作体积光的区域，然后使用图层混合的方式合成。

【重点工具】

在学习制作体积光之前，先了解一下Photshop图层的一个重要内容——混合模式，如图10-40所示，该下拉菜单包含27种混合选项，如图10-41所示。

重要参数介绍

正常：编辑或绘制每个像素，使其成为结果色。这是默认模式。

正片叠底：查看每个通道中的颜色信息，并将基色与混合色进行正片叠底。结果色总是较暗的颜色。任何颜色与黑色正片叠底产生黑色。任何颜色与白色正片叠底保持不变。当用黑色或白色以外的颜色绘画时，绘画工具绘制的连续描边产生逐渐变暗的颜色。这与使用多个标记笔在图像上绘图的效果相似。

颜色加深：查看每个通道中的颜色信息，并通过增加二者之间的对比度使基色变暗以反映出混合色。与白色混合后不产生变化。

图10-40　　　　　图10-41

颜色减淡：查看每个通道中的颜色信息，并通过减小二者之间的对比度使基色变亮以反映出混合色。与黑色混合则不发生变化。

柔光：编辑使颜色变暗或变亮，具体取决于混合色。此效果与发散的聚光灯照在图像上相似。如果混合色（光源）比50% 灰色亮，则图像变亮，就像被减淡了一样；如果混合色（光源）比50% 灰色暗，则图像变暗，就像被加深了一样。使用纯黑色或纯白色上色，可以产生明显变暗或变亮的区域，但不能生成纯黑色或纯白色。

强光：对颜色进行正片叠底或过滤，具体取决于混合色。此效果与耀眼的聚光灯照在图像上相似。如果混合色（光源）比50%灰色亮，则图像变亮，就像过滤后的效果，这对于向图像添加高光非常有用；如果混合色（光源）比50%灰色暗，则图像变暗，就像正片叠底后的效果，这对于向图像添加阴影非常有用。用纯黑色或纯白色上色会产生纯黑色或纯白色。

叠加：对基色进行正片叠底（基色小于128）或滤色（基色大于128）。图案或颜色在现有像素上叠加，同时保留基色的明暗对比。不替换基色，但基色与混合色相混以反映原色的亮度或暗度。

【制作步骤】

01 打开光盘中的"案例>场景文件>CH10>案例78.png"文件，如图10-42所示。

02 按快捷键Shift+Ctrl+N新建一个【图层1】，在【工具箱】中选择【多边形套索工具】，在绘图区域勾勒出如图10-43所示的选区。

图10-42

图10-43

03 将选区羽化10像素，设置前景色为白色，按快捷键Alt+Delete用前景色填充选区，按Ctrl+D快捷键取消选区，效果如图10-44所示。

04 在【图层】面板中设置【图层1】的【混合模式】为【柔光】、【不透明度】为80%，效果如图10-45所示。

图10-44

图10-45

05 采用相同的方法制作出其他的体积光，最终效果如图10-46所示。

图10-46

中文版 3ds Max/VRay 效果图制作案例教程（微课版）

【案例总结】

在3ds Max中，体积光是在【环境和效果】对话框中进行添加的。但是添加体积光后，渲染速度会慢很多，因此在制作大场景时，最好在后期中添加体积光。

拓展练习

场景位置	练习 > 场景文件 >CH10> 练习 78.png
实例位置	练习 > 实例文件 >CH10> 练习 78.png
视频文件	多媒体教学 >CH10> 练习 78.mp4

扫码观看视频

这是一个制作光晕的练习，其设置方法与体积光类似。使用⊙（椭圆选框工具）选择需要用于制作光晕的色带大小，然后使用调整色带的透明度，使用【叠加】模式进行混合。

案例 79
添加外景

场景位置	案例 > 场景文件 >CH10> 案例 79-1.png、案例 79-2.png
实例位置	案例 > 实例文件 >CH10> 案例 79.png
视频文件	多媒体教学 >CH10> 案例 79.mp4
技术掌握	【魔棒】工具、图层的运用

扫码观看视频

【制作分析】

　　外景的添加是通过添加外景图层来完成的，可以理解为配景是在原效果图中新加的一个图层，所以精确地选择需要添加外景的区域是非常重要的。本案例将使用（魔棒工具）来选择外景区域。

【制作步骤】

01 打开光盘中的"案例>场景文件>CH10>案例79-1.png"文件，如图10-47所示。从图中可以观察窗外没有室外环境。

02 导入光盘中的"案例>场景文件>CH10>案例79-2.png"文件，得到【图层1】，如图10-48所示。

图10-47　　　　　　　　　　　　　　　　图10-48

03 选择【背景】图层，按Ctrl+J快捷键将其复制一层，得到【图层2】，将其放在【图层1】的上一层，如图10-49所示。

04 在【工具箱】中选择【魔棒工具】，选择窗口区域，如图10-50所示。

图10-49

图10-50

05 将选区羽化1像素，按Delete键删除选区内的图像，按Ctrl+D快捷键取消选区，效果如图10-51所示。

图10-51

06 在【图层】面板中设置【图层1】的【不透明度】为60%，最终效果如图10-52所示。

图10-52

【案例总结】

外景是用来掩盖窗户处的空白的，是为了增加场景的丰富度及提高其纵深，所以这类配景的使用需要注意以下两点：配景图片内容尽量简单，不宜过于丰富，以免使效果图的表达重心发生偏移；配景的选取应结合效果图的表达主题，如表现早上的效果，配景就应该是早上风和日丽的景色，而不是找一个大雾朦胧的景深。

拓展练习	场景位置	练习 > 场景文件 >CH10> 练习 79.png
	实例位置	练习 > 实例文件 >CH10> 练习 79.png
	视频文件	多媒体教学 >CH10> 练习 79.mp4

扫码观看视频

这是一个为效果图添加外景的练习，从案例中可以发现，添加外景的核心操作是选择外景区域，所以准确地选择区域尤为重要。在3ds Max中渲染好图像后，不管是否加载环境贴图，只要将其保存为png格式的图像，背景都是透明的，即室外都是透明的，在透明区域添加外景即可。

案例 80 中午客厅后期处理	场景位置	案例 > 场景文件 >CH10> 案例 80.png
	实例位置	案例 > 实例文件 >CH10> 案例 80.png
	视频文件	多媒体教学 >CH10> 案例 80.mp4
	技术掌握	中午空间的特点、提高亮度方法、增加层次感的方法

扫码观看视频

【制作分析】

这是一个中午的客厅空间，整体画面偏暗、颜色偏冷、画面层次感不足。所以在进行处理的时候，应提高画面整体亮度，统一画面色调为暖色调。

【制作步骤】

01 打开光盘中的"案例>场景文件>CH10>案例80.png"文件，如图10-53所示。

02 复制背景图层，按Ctrl+M快捷键打开【曲线】对话框，将曲线向左上方拉动，如图10-54所示，调整后的图像如图10-55所示。

图10-53

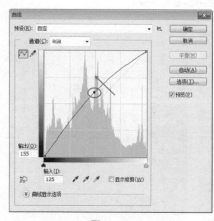

图10-54

图10-55

03 执行【图像】>【调整】>【亮度/对比度】菜单命令，调整图像的对比度，使图看起来不那么灰，如图10-56所示。调整后的效果如图 10-57所示。

图10-56

图10-57

04 对于画面的色调偏黄，所以为其添加【照片滤镜】，将其设置为【冷却滤镜（LBB）】，如图10-58所示，调整后的效果如图10-59所示。

图10-58

图10-59

05 复制上一步中的图层，执行【图像】>【调整】>【匹配颜色】菜单命令，调整图像的亮度和饱和度，如图10-60所示，调整后的效果如图10-61所示。

图10-60   图10-61

06 使用【橡皮擦工具】把一些亮的地方擦掉，合并图层，如图10-62所示。

07 按Shift+Ctrl+Alt+~快捷键选择图的亮部，继续按快捷键Shift+Ctrl+I（反选选区），得到暗部选区，如图10-63所示。

图10-62   图10-63

08 按Ctrl+J快捷键，把选区里的内容复制到新图层中，如图10-64所示。

09 下面对暗部的内容进行亮度调节。同样使用【曲线】进行调整，调整后的最终效果如图10-65所示。

图10-64   图10-65

【案例总结】

对于效果图的后期处理，必须符合当前效果图的表现思想。以本例来说，这是一个中午光照的场景，所以，在进行处理时，必须符合中午太阳照射的效果，即画面高亮度和暖色调，然后才去考虑画面层次感、是否需要添加外景和光效等问题。

拓展练习	场景位置	练习 > 场景文件 >CH10> 练习 80–1.png、练习 80–2png
	实例位置	练习 > 实例文件 >CH10> 练习 80.png
	视频文件	多媒体教学 >CH10> 练习 80.mp4

扫码观看视频

这是一个清晨客厅效果的后期处理练习，在进行处理时，必须符合清晨氛围的特点，即画面亮度适宜、颜色偏冷。另外，本练习需要添加外景。

238

附录1 常用快捷键

操作	快捷键
角度捕捉（开关）	A
改变到后视图	K
背景锁定（开关）	Alt+Ctrl+B
改变到顶视图	T
改变到底视图	B
改变到摄影机视图	C
改变到前视图	F
改变到等用户视图	U
改变到右视图	R
改变到透视图	P
循环改变选择方式	Ctrl+F
默认灯光（开关）	Ctrl+L
删除物体	Delete
当前视图暂时失效	D
是否显示几何体内框（开关）	Ctrl+E
显示第一个工具条	Alt+1
专家模式，全屏（开关）	Ctrl+X
暂存场景	Alt+Ctrl+H
取回场景	Alt+Ctrl+F
冻结所选物体	6
显示/隐藏摄影机	Shift+C
显示/隐藏几何体	Shift+O
显示/隐藏栅格	G
显示/隐藏帮助物体	Shift+H
显示/隐藏光源	Shift+L
锁定用户界面（开关）	Alt+0
匹配到摄影机视图	Ctrl+C
材质编辑器	M
最大化当前视图（开关）	Alt+W
新建场景	Ctrl+N
法线对齐	Alt+N
偏移捕捉	Alt+Ctrl+Space（Space键即空格键）
打开一个max文件	Ctrl+O
平移视图	Ctrl+P
交互式平移视图	I
放置高光	Ctrl+H
快速渲染	Shift+Q
回到上一场景操作	Ctrl+A
回到上一视图操作	Shift+A
撤消场景操作	Ctrl+Z
撤消视图操作	Shift+Z
刷新所有视图	1
用前一次的参数进行渲染	Shift+E或F9
渲染配置	Shift+R或F10

操作	快捷键
在xy/yz/zy锁定中循环改变	F8
约束到x轴	F5
约束到y轴	F6
约束到z轴	F7
旋转视图模式	Ctrl+R或V
保存文件	Ctrl+S
透明显示所选物体（开关）	Alt+X
选择父物体	PageUp
选择子物体	PageDown
根据名称选择物体	H
选择锁定（开关）	Space（Space键即空格键）
减淡所选物体的面（开关）	F2
显示所有视图网格（开关）	Shift+G
显示/隐藏命令面板	3
显示/隐藏浮动工具条	4
显示最后一次渲染的图像	Ctrl+I
显示/隐藏主要工具栏	Alt+6
显示/隐藏安全框	Shift+F
显示/隐藏所选物体的支架	J
百分比捕捉（开关）	Shift+Ctrl+P
打开/关闭捕捉	S
循环通过捕捉点	Alt+Space（Space键即空格键）
间隔放置物体	Shift+I
改变到光线视图	Shift+4
循环改变子物体层级	Ins
子物体选择（开关）	Ctrl+B
帖图材质修正	Ctrl+T
全部解冻	7
根据名字显示隐藏的物体	5
刷新背景图像	Alt+Shift+Ctrl+B
显示几何体外框（开关）	F4
视图背景	Alt+B
用方框快显几何体（开关）	Shift+B
实色显示场景中的几何体（开关）	F3
全部视图显示所有物体	Shift+Ctrl+Z
视窗缩放到选择物体范围	E
缩放范围	Alt+Ctrl+Z
视窗放大两倍	Shift++（数字键盘）
放大镜工具	Z
视窗缩小两倍	Shift+-（数字键盘）
根据框选进行放大	Ctrl+W
用前一次的配置进行渲染	F9
渲染配置	F10
回到上一场景操作	Ctrl+A
转换到控制点层级	Alt+Shift+C

附录2 效果图制作实用索引

一、常见物体折射率

1.材质折射率

物体	折射率	物体	折射率	物体	折射率
空气	1.0003	液体二氧化碳	1.200	冰	1.309
水（20°）	1.333	丙酮	1.360	30% 的糖溶液	1.380
普通酒精	1.360	酒精	1.329	面粉	1.434
溶化的石英	1.460	Calspar2	1.486	80% 的糖溶液	1.490
玻璃	1.500	氯化钠	1.530	聚苯乙烯	1.550
翡翠	1.570	天青石	1.610	黄晶	1.610
二硫化碳	1.630	石英	1.540	二碘甲烷	1.740
红宝石	1.770	蓝宝石	1.770	水晶	2.000
钻石	2.417	氧化铬	2.705	氧化铜	2.705
非晶硒	2.920	碘晶体	3.340		

2.液体折射率

物体	分子式	密度	温度	折射率
甲醇	CH_3OH	0.794	20	1.3290
乙醇	C_2H_5OH	0.800	20	1.3618
丙醇	CH_3COCH_3	0.791	20	1.3593
苯	C_6H_6	1.880	20	1.5012
二硫化碳	CS_2	1.263	20	1.6276
四氯化碳	CCl_4	1.591	20	1.4607
三氯甲烷	CHC_{l3}	1.489	20	1.4467
乙醚	$C_2H_5 \cdot O \cdot C_2H_5$	0.715	20	1.3538
甘油	$C_3H_8O_3$	1.260	20	1.4730
松节油		0.87	20.7	1.4721
橄榄油		0.92	0	1.4763
水	H_2O	1.00	20	1.3330

3.晶体折射率

物体	分子式	最小折射率	最大折射率
冰	H_2O	1.313	1.309
氟化镁	MgF_2	1.378	1.390
石英	SiO_2	1.544	1.553
氯化镁	$MgO \cdot H_2O$	1.559	1.580
锆石	$ZrO_2 \cdot SiO_2$	1.923	1.968
硫化锌	ZnS	2.356	2.378
方解石	$CaO \cdot CO_2$	1.658	1.486
钙黄长石	$2CaO \cdot Al_2O_3 \cdot SiO_2$	1.669	1.658
菱镁矿	$MgCO_3$	1.700	1.509
刚石	Al_2O_3	1.768	1.760
淡红银矿	$3Ag_2S \cdot AS_2S_3$	2.979	2.711

二、常用家具尺寸

单位：mm

家具	长度	宽度	高度	深度	直径
衣橱		700（推拉门）	400~650（衣橱门）	600~650	
推拉门		750~1 500	1 900~2 400		
矮柜		300~600（柜门）		350~450	
电视柜			600~700	450~600	
单人床	1800、1806、2 000、2 100	900、1 050、1 200			
双人床	1800、1806、2 000、2 100	1 350、1 500、1 800			
圆床					>1 800
室内门		800~950、1 200（医院）	1900、2 000、2 100、2 200、2 400		
卫生间、厨房门		800、900	1900、2 000、2 100		
窗帘盒			120~180	120（单层布）、160~180（双层布）	
单人式沙发	800~95		350~420（坐垫）、700~900（背高）	850~900	
双人式沙发	1 260~1 500			800~900	
三人式沙发	1 750~1 960			800~900	
四人式沙发	2 320~2 520			800~900	
小型长方形茶几	600~750	450~600	380~500（380最佳）		
中型长方形茶几	1 200~1 350	380~500或600~750			
正方形茶几	750~900	430~500			
大型长方形茶几	1 500~1 800	600~800	330~420（330最佳）		
圆形茶几			330~420		750、900、1 050、1 200
方形茶几		900、1 050、1 200、1350、1 500	330~420		
固定式书桌			750	450~700（600最佳）	
活动式书桌			750~780	650~800	
餐桌		1 200、900、750（方桌）	75~780（中式）、680~720（西式）		
长方桌	1500、1650、1800、2 100、2 400	800、900,1050、1200			
圆桌					900、1 200、1 350、1 500、1 800
书架	600~1 200	800~900		250~400（每格）	

三、室内物体常用尺寸

1. 墙面尺寸

单位：mm

物体	高度
踢脚板	60~200
墙裙	800~1500
挂镜线	1 600~1 800

2. 餐厅

单位：mm

物体	高度	宽度	直径	间距
餐桌	750~790			>500（其中，座椅占500）
餐椅	450~500			
二人圆桌			500或800	
四人圆桌			900	
五人圆桌			1 100	
六人圆桌			1 100~1 250	
八人圆桌			1 300	
十人圆桌			1 500	
十二人圆桌			1 800	
二人方餐桌		700×850		
四人方餐桌		1 350×850		
八人方餐桌		2 250×850		
餐桌转盘			700~800	
主通道		1 200~1 300		
内部工作道宽		600~900		
酒吧台	900~1 050	500		
酒吧凳	600~750			

3. 商场营业厅

单位：mm

物体	长度	宽度	高度	厚度	直径
单边双人走道		1 600			
双边双人走道		2 000			
双边三人走道		2 300			
双边四人走道		3 000			
营业员柜台走道		800			
营业员货柜台			800~1 000	600	
单靠背立货架			1 800~2 300	300~500	
双靠背立货架			1 800~2 300	600~800	
小商品橱窗			400~1 200	500~800	
陈列地台			400~800		
敞开式货架			400~600		
放射式售货架					2 000
收款台	1 600	600			

4. 饭店客房

单位：mm/ m²

物体	长度	宽度	高度	面积	深度
标准间				25（大）、16~18（中）、16（小）	
床			400~450、850~950（床罩）		
床头柜		500~800	500~700		
写字台	1 100~1 500	450~600	700~750		
行李台	910~1070	500	400		
衣柜		800~1 200	1 600~2 000		500
沙发		600~800	350~400、1 000（靠背）		
衣架			1 700~1 900		

243

5. 卫生间

单位：mm/ m²

物体	长度	宽度	高度	面积
卫生间				3~5
浴缸	1 220、1 520、1 680	720	450	
座便器	750	350		
冲洗器	690	350		
盥洗盆	550	410		
淋浴器		2 100		
化妆台	1 350	450		

6. 交通空间

单位：mm

物体	宽度	高度
楼梯间休息平台	≥2 100	
楼梯跑道	≥2 300	
客房走廊		≥2 400
两侧设座的综合式走廊	≥2 500	
楼梯扶手		850~1 100
门	850~1 000	≥1 900
窗	400~1 800	
窗台		800~1 200

7. 灯具

单位：mm

物体	高度	直径
大吊灯	≥2 400	
壁灯	1 500~1 800	
反光灯槽		≥2倍灯管直径
壁式床头灯	1 200~1 400	
照明开关	1 000	

8. 办公用具

单位：mm

物体	长度	宽度	高度	深度
办公桌	1 200~1 600	500~650	700~800	
办公椅	450	450	400~450	
沙发		600~800	350~450	
前置型茶几	900	400	400	
中心型茶几	900	900	400	
左右型茶几	600	400	400	
书柜		1 200~1 500	1 800	450~500
书架		1 000~1 300	1 800	350~450

附录3 常见材质参数设置索引

一、玻璃材质

材质名称	示例图	贴图	参数设置		用途
普通玻璃材质			漫反射	漫反射颜色=红：129，绿：187，蓝：188	
			反射	反射颜色=红：20，绿：20，蓝：20；高光光泽度=0.9；反射光泽度=0.95；细分=10；菲涅耳反射=勾选	
			折射	折射颜色=红：240，绿：240，蓝：240；细分=20；影响阴影=勾选；烟雾颜色=红：242，绿：255，蓝：253；烟雾倍增=0.2	
			其他		
彩色玻璃材质			漫反射	漫反射颜色=黑色	
			反射	反射颜色=白色；细分=15；菲涅耳反射=勾选	
			折射	折射颜色=白色；细分=15；影响阴影=勾选；烟雾颜色=自定义；烟雾倍增=0.04	
			其他		
磨砂玻璃材质			漫反射	漫反射颜色=红：180，绿：189，蓝：214	
			反射	反射颜色=红：57，绿：57，蓝：57；菲涅耳反射=勾选；反射光泽度=0.95	
			折射	折射颜色=红：180，绿：180，蓝：180；光泽度=0.95；影响阴影=勾选；折射率1.2；退出颜色=勾选、退出颜色=红：3，绿：30，蓝：55	家具装饰
			其他		
龟裂缝玻璃材质			漫反射	漫反射颜色=红：213，绿：234，蓝：222	
			反射	反射颜色=红：119，绿：119，蓝：119；高光光泽度=0.8；反射光泽度=0.9；细分=15	
			折射	折射颜色=红：217，绿：217，蓝：217；细分=15；影响阴影=勾选；烟雾颜色=红：247，绿：255，蓝：255；烟雾倍增=0.3	
			其他	凹凸通道=贴图、凹凸强度=-20	
镜子材质			漫反射	漫反射颜色=红：24，绿：24，蓝：24	
			反射	反射颜色=红：239，绿：239，蓝：239	
			折射		
			其他		
水晶材质			漫反射	漫反射颜色=红：248，绿：248，蓝：248	
			反射	反射颜色=红：250，绿：250，蓝：250；菲涅耳反射=勾选	
			折射	折射颜色=红：130，绿：130，蓝：130；折射率=2；影响阴影=勾选	
			其他		
窗玻璃材质			漫反射	漫反射颜色=红：193，绿：193，蓝：193	
			反射	反射通道=衰减贴图、侧=红：134，绿：134，蓝：134、衰减类型=Fresnel；反射光泽度=0.99；细分=20	窗户装饰
			折射	折射颜色=白色；光泽度=0.99；细分=20；影响阴影=勾选；烟雾颜色=红：242，绿：243，蓝：247；烟雾倍增=0.001	
			其他		

二、金属材质

材质名称	示例图	贴图	参数设置		用途
亮面不锈钢材质			漫反射	漫反射颜色=红：49，绿：49，蓝：49	
			反射	反射颜色=红：210，绿：210，蓝：210；高光光泽度=0.8；细分=16	
			折射		家具及陈设品装饰
			其他	双向反射=沃德	
哑光不锈钢材质			漫反射	漫反射颜色=红：40，绿：40，蓝：40	
			反射	反射颜色=红：180，绿：180，蓝：180；高光光泽度=0.8；反射光泽度=0.8；细分=20	
			折射		
			其他	双向反射=沃德	

材质名称	示例图	贴图	参数设置		用途
拉丝不锈钢材质			漫反射		
			反射	反射颜色=红：77，绿：77，蓝：77、反射通道=贴图 反射光泽度=0.95、反射光泽度通道=贴图；细分=20	
			折射		
			其他	双向反射=沃德、各向异性(-1..1)=0.6、旋转=-15；凹凸通道=贴图	
银材质			漫反射	漫反射颜色=红：103，绿：103，蓝：103	
			反射	反射颜色=红：98，绿：98，蓝：98；反射光泽度=0.8；细分=20	
			折射		
			其他	双向反射=沃德	家具及陈设品装饰
黄金材质			漫反射	漫反射颜色=红：133，绿：53，蓝：0	
			反射	反射颜色=红：225，绿：124，蓝：24；反射光泽度=0.95；细分=15	
			折射		
			其他	双向反射=沃德	
黄铜材质			漫反射	漫反射颜色=红：70，绿:26，蓝:4	
			反射	反射颜色=红：225，绿：124，蓝：24；高光光泽度=0.7； 反射光泽度=0.65；细分=20	
			折射		
			其他	双向反射=沃德、各向异性（-1..1）=0.5	

三、布料材质

材质名称	示例图	贴图	参数设置		用途
绒布材质（注意，材质类型为标准材质）			明暗器	（O）Oren-Nayar-Blin	
			漫反射	漫反射通道=贴图	
			自发光	自发光=勾选、自发光通道=遮罩贴图、贴图通道=衰减贴图（衰减类型=Fresnel）、遮罩通道=衰减贴图（衰减类型=阴影/灯光）	
			反射高光	高光级别=10	
			其他	凹凸强度=10、凹凸通道=噪波贴图、噪波大小=2（注意，这组参数需要根据实际情况进行设置）	
单色花纹绒布材质（注意，材质类型为标准材质）			明暗器	（O）Oren-Nayar-Blin	
			自发光	自发光=勾选、自发光通道=遮罩贴图、贴图通道=衰减贴图（衰减类型=Fresnel）、遮罩通道=衰减贴图（衰减类型=阴影/灯光）	
			反射高光	高光级别=10	
			其他	漫反射颜色+凹凸通道=贴图、凹凸强度=-180（注意，这组参数需要根据实际情况进行设置）	
麻布材质			漫反射	通道=贴图	
			反射		
			折射		
			其他	凹凸通道=贴图、凹凸强度=20	家具装饰
抱枕材质			漫反射	漫反射通道=抱枕贴图、模糊=0.05	
			反射	反射颜色=红：34，绿：34，蓝：34；反射光泽度=0.7；细分=20	
			折射		
			其他	凹凸通道=凹凸贴图、凹凸强度=50	
毛巾材质			漫反射	漫反射颜色=红：243，绿：243，蓝：243	
			反射		
			折射		
			其他	置换通道=贴图、置换强度=8	
半透明窗纱材质			漫反射	漫反射颜色=红：240，绿：250，蓝：255	
			反射		
			折射	折射通道=衰减贴图，前=红：180，绿：180，蓝：180、侧=黑色 光泽度=0.88；折射率=1.001；影响阴影=勾选	
			其他		
花纹窗纱材质（注意，材质类型为混合材质）			材质1	材质1通道=VRayMtl材质；漫反射颜色=红：98，绿：64，蓝：42	
			材质2	材质2通道=VRayMtl材质；漫反射颜色=红：164，绿：102，蓝：35 反射颜色：红：162，绿：170，蓝：75；高光光泽度=0.82； 反射光泽度=0.82；细分=15	
			遮罩	遮罩通道=贴图	
			其他		

材质名称	示例图	贴图		参数设置	用途
软包材质			漫反射	漫反射通道=衰减贴图、前通道=软包贴图、模糊=0.1；侧：红：248，绿：220，蓝：233	家具装饰
			反射		
			折射		
			其他	凹凸通道=软包凹凸贴图、凹凸强度=45	
普通地毯			漫反射	漫反射通道=衰减贴图；前通道=地毯贴图、衰减类型=Fresnel	
			反射		
			折射		
			其他	凹凸通道=地毯凹凸贴图、凹凸强度=60	
普通花纹地毯			漫反射	漫反射通道=贴图	
			反射		
			折射		
			其他		

四、木纹材质

材质名称	示例图	贴图		参数设置	用途
高光木纹材质			漫反射	漫反射通道=贴图	家具及地面装饰
			反射	反射颜色：红：40，绿：40，蓝：40；高光光泽度=0.75；反射光泽度=0.7；细分=15	
			折射		
			其他	凹凸通道=贴图、环境通道=输出贴图	
哑光木纹材质			漫反射	漫反射通道=贴图、模糊=0.2	家具及地面装饰
			反射	反射颜色：红：213，绿：213，蓝：213；反射光泽度=0.6；菲涅耳反射=勾选	
			折射		
			其他	凹凸通道=贴图、凹凸强度=60	
木地板材质			漫反射	漫反射通道=贴图、瓷砖（平铺）U/V=6	地面装饰
			反射	反射颜色：红：55，绿：55，蓝：55；反射光泽度=0.8；细分=15	
			折射		
			其他		

五、石材材质

材质名称	示例图	贴图		参数设置	用途
大理石地面材质			漫反射	漫反射通道=贴图	地面装饰
			反射	反射颜色：红：228，绿：228，蓝：228；细分=15；菲涅耳反射=勾选	
			折射		
			其他		
人造石台面材质			漫反射	漫反射通道=贴图	台面装饰
			反射	反射通道=衰减贴图、衰减类型=Fresnel；高光光泽度=0.65；反射光泽度=0.9；细分=20	
			折射		
			其他		
拼花石材材质			漫反射	漫反射通道=贴图	地面装饰
			反射	反射颜色：红：228，绿：228，蓝：228；细分=15；菲涅耳反射=勾选	
			折射		
			其他		
仿旧石材材质			漫反射	漫反射通道=混合贴图；颜色#1通道=旧墙贴图；颜色#2通道=破旧纹理贴图、混合量=50	墙面装饰
			反射		
			折射		
			其他	凹凸通道=破旧纹理贴图、凹凸强度=10；置换通道=破旧纹理贴图、置换强度=10	
文化石材质			漫反射	漫反射通道=贴图	
			反射	反射颜色：红：30，绿：30，蓝：30；高光光泽度=0.5	
			折射		
			其他	凹凸通道=贴图、凹凸强度=50	

材质名称	示例图	贴图	参数设置		用途
砖墙材质			漫反射	漫反射通道=贴图	墙面装饰
			反射	反射通道=衰减贴图、侧=红：18，绿：18，蓝：18；衰减类型=Fresnel 高光光泽度=0.5；反射光泽度=0.8	
			折射		
			其他	凹凸通道=灰度贴图、凹凸强度=120	
玉石材质			漫反射	漫反射颜色=红：180，绿：214，蓝：163	陈设品装饰
			反射	反射颜色=红：67，绿：67，蓝：67；高光光泽度=0.8；反射光泽度=0.85；细分=25	
			折射	折射颜色=红：220，绿：220，蓝：220；光泽度=0.6；细分=20；折射率=1 影响阴影=勾选；烟雾颜色=红：105，绿：150，蓝：115；烟雾倍增=0.1	
			其他	半透明类型=硬（蜡）模型、正/背面系数=0.5、正/背面系数=1.5	

六、陶瓷材质

材质名称	示例图	贴图	参数设置		用途
白陶瓷材质			漫反射	漫反射颜色=白色	陈设品装饰
			反射	反射颜色=红：131，绿：131，蓝：131；细分=15；菲涅耳反射=勾选	
			折射	折射颜色=红：30，绿：30，蓝：30；光泽度=0.95	
			其他	半透明类型=硬（蜡）模型、厚度=0.05mm（该参数根据实际情况而定）	
青花瓷材质			漫反射	漫反射通道=贴图、模糊=0.01	
			反射	反射颜色=白色；菲涅耳反射=勾选	
			折射		
			其他		
马赛克材质			漫反射	漫反射通道=马赛克贴图	墙面装饰
			反射	反射颜色=红：10，绿：10，蓝：10；反射光泽度=0.95	
			折射		
			其他	凹凸通道=灰度贴图	

七、漆类材质

材质名称	示例图	贴图	参数设置		用途
白色乳胶漆材质			漫反射	漫反射颜色=红：250，绿：250，蓝：250	墙面装饰
			反射	反射通道=衰减贴图、衰减类型=Fresnel；高光光泽度=0.85 反射光泽度=0.9；细分=12	
			折射		
			其他	环境通道=输出贴图、输出量=3	
彩色乳胶漆材质（注意，材质类型为VRay材质包裹器材质）			基本材质	基本材质通道=VRayMtl材质	墙面装饰
			漫反射	漫反射颜色=红：205，绿：164，蓝：99	
			反射	细分=15	
			其他	生成全局照明=0.2、跟踪反射=关闭	
烤漆材质			漫反射	漫反射颜色=黑色	电器及乐器装饰
			反射	反射颜色=红：233，绿：233，蓝：233；反射光泽度=0.9；细分=20；菲涅耳反射=勾选	
			折射		
			其他		

八、皮革材质

材质名称	示例图	贴图	参数设置		用途
亮光皮革材质			漫反射	漫反射颜色=黑色	家具装饰
			反射	反射颜色=白色；高光光泽度=0.7；反射光泽度=0.88；细分=30；菲涅耳反射=勾选	
			折射		
			其他	凹凸通道=凹凸贴图	
哑光皮革材质			漫反射	漫反射通道=贴图	
			反射	反射颜色=红：38，绿：38，蓝：38；反射光泽度=0.75；细分=15	
			折射		
			其他		

九、壁纸材质

材质名称	示例图	贴图	参数设置		用途
壁纸材质			漫反射	通道=贴图	墙面装饰
			反射		
			折射		
			其他		

十、塑料材质

材质名称	示例图	贴图	参数设置		用途
普通塑料材质			漫反射	漫反射颜色=自定义	陈设品装饰
			反射	反射通道=衰减贴图、前=红：22，绿：22，蓝：22、侧=红：200，绿：200，蓝：200、衰减类型=Fresnel；高光光泽度=0.8；反射光泽度=0.7；细分=15	
			折射		
			其他		
半透明塑料材质			漫反射	漫反射颜色=自定义	
			反射	反射颜色=红：51，绿：51，蓝：51；高光光泽度=0.4；反射光泽度=0.6；细分=10	
			折射	折射颜色=红：221，绿：221，蓝：221；光泽度=0.9；细分=10影响阴影=勾选、烟雾颜色=漫反射颜色、烟雾倍增=0.05	
			其他		
塑钢材质			漫反射	漫反射颜色=黑色	家具装饰
			反射	反射颜色=红：233，绿：233，蓝：233；反射光泽度=0.9细分=20；菲涅耳反射=勾选	
			折射		
			其他		

十一、液体材质

材质名称	示例图	贴图	参数设置		用途
清水材质			漫反射	漫反射颜色=红：123，绿：123，蓝：123	室内装饰
			反射	反射颜色=白色；菲涅耳反射=勾选；细分=15	
			折射	折射颜色=红：241，绿：241，蓝：241；细分=20；折射率=1.333；影响阴影=勾选	
			其他	凹凸通道=噪波贴图、噪波大小=3（该参数要根据实际情况而定）	
游泳池水材质			漫反射	漫反射颜色=红：15，绿：162，蓝：169	公用设施装饰
			反射	反射颜色=红：132，绿：132，蓝：132；反射光泽度=0.97；菲涅耳反射=勾选	
			折射	折射颜色=红：241，绿：241，蓝：241；折射率=1.333影响阴影=勾选、烟雾颜色=漫反射颜色；烟雾倍增=0.01	
			其他	凹凸通道=噪波贴图、噪波大小=3（该参数要根据实际情况而定）	
红酒材质			漫反射	漫反射颜色=红：146，绿：17，蓝：60	陈设品装饰
			反射	反射颜色=红：57，绿：57，蓝：57；细分=20；菲涅耳反射=勾选	
			折射	折射颜色=红：222，绿：157，蓝：191；细分=30；折射率=1.333影响阴影=勾选；烟雾颜色=红：169，绿：67，蓝：74	
			其他		

十二、自发光材质

材质名称	示例图	贴图	参数设置		用途
灯管材质（注意，材质类型为VRay灯光材质）			颜色	颜色=白色、强度=25（该参数要根据实际情况而定）	电器装饰

材质名称	示例图	贴图	参数设置		用途
电脑屏幕材质（注意，材质类型为VRay灯光材质）			颜色	颜色=白色、强度=25（该参数要根据实际情况而定） 通道=贴图	电器装饰
灯带材质（注意，材质类型为VRay灯光材质）			颜色	颜色=自定义、强度=25（该参数要根据实际情况而定）	陈设品装饰
环境材质（注意，材质类型为VRay灯光材质）			颜色	颜色=白色、强度=25（该参数要根据实际情况而定） 通道=贴图	室外环境装饰

十三、其他材质

材质名称	示例图	贴图	参数设置		用途
叶片材质（注意，材质类型为标准材质）			漫反射	漫反射通道=叶片贴图	室内/外装饰
			不透明度	不透明度通道=黑白遮罩贴图	
			反射高光	高光级别=40	
			其他		
水果材质			漫反射	漫反射通道=草莓贴图	室内/外装饰
			反射	反射通道=衰减贴图；侧通道=草莓衰减贴图；衰减类型=Fresnel 反射光泽度=0.74；细分=12	
			折射	折射颜色=红：12，绿：12，蓝：12；光泽度=0.8；影响阴影=勾选 烟雾颜色=红：251，绿：59，蓝：33；烟雾倍增=0.001	
			其他	半透明类型=硬（蜡）模型、背面颜色=红：251，绿：48，蓝：21 凹凸通道=发现凹凸贴图、法线通道=草莓法线贴图	
草地材质			漫反射	漫反射通道=草地贴图	室外装饰
			反射	反射颜色=红：28，绿：43，蓝：25 反射光泽度=0.85	
			折射		
			其他	跟踪反射=关闭 草地模型=加载VRay置换模式修改器、类型=2D贴图（景观）、纹理贴图=草地贴图、数量=150mm（该参数要根据实际情况而定）	
镂空藤条材质（注意，材质类型为标准材质）			漫反射	漫反射通道=藤条贴图	家具装饰
			不透明度	不透明度通道=黑白遮罩贴图	
			反射高光	高光级别=60	
			其他		
沙盘楼体材质			漫反射	漫反射颜色=红：237，绿：237，蓝：237	
			反射		
			折射		
			其他	不透明度通道=VRay边纹理贴图、颜色=白色、像素=0.3	
书本材质			漫反射	漫反射通道=贴图	陈设品装饰
			反射	反射颜色=红：80，绿：80，蓝：80；细分=20； 菲涅耳反射=勾选	
			折射		
			其他		
画材质			漫反射	漫反射通道=贴图	
			反射		
			折射		
			其他		
毛发地毯材质（注意，该材质用VRay毛皮工具进行制作）			根据实际情况，对VRay毛皮的参数进行设定，如长度、厚度、重力、弯曲、结数、方向变量和长度变化。另外，毛发颜色可以直接在【修改】面板中进行选择		地面装饰